Muhammad Irfan

Geração e manipulação de ondas terahertz em derivados de carbono

Muhammad Irfan

Geração e manipulação de ondas terahertz em derivados de carbono

ScienciaScripts

Imprint

Cover image: www.ingimage.com

This book is a translation from the original published under ISBN 978-620-8-41753-6.

Publisher:
Sciencia Scripts
is a trademark of
Dodo Books Indian Ocean Ltd. and OmniScriptum S.R.L publishing group

120 High Road, East Finchley, London, N2 9ED, United Kingdom
Str. Armeneasca 28/1, office 1, Chisinau MD-2012, Republic of Moldova, Europe
Managing Directors: Ieva Konstantinova, Victoria Ursu
info@omniscriptum.com

Printed at: see last page
ISBN: 978-620-8-59092-5

Conteúdo

Resumo

Os nanomateriais à base de carbono são novos elementos fascinantes para a geração, modulação e deteção de ondas electromagnéticas de terahertz (THz). A emissão amplificada prevista nesta gama espetral a partir do grafeno ainda não foi observada, enquanto a dispersão energética linear do grafeno monoatómico restringe as acelerações electrónicas. Por outro lado, no caso da grafite, a engenharia do nível de Fermi revela-se útil para modificar os transportes eléctricos através da dopagem e dos desvios da função de trabalho interfacial. Em particular, a engenharia da função de trabalho entre o ar, a grafite e os metais permitiu um caminho viável para afinar os perfis de energia grafítica e manipular as caraterísticas da radiação THz. As novas estruturas de grafeno funcionalizado foram sintetizadas, por exemplo, grafeno holey com átomos de azoto adicionados ao grafeno convencional e podem ser úteis para controlar as propriedades de transporte.

Concretamente, a emissão de THz através do efeito de pico de corrente pode ser dirigida pela deriva de portadores sob os gradientes de potencial ou pela difusão de portadores quentes. A fase oposta das ondas THz entre a grafite natural dopada de forma diferente (tipo n) e a película de grafite policristalina (tipo p) é uma manifestação da deriva vertical de portadores, em que os dipolos fotoexcitados são polarizados de forma oposta pela inversão dos campos interfaciais. Não só a direção mas também a intensidade dos campos de depleção podem ser modificados variando os desvios da função de trabalho nas interfaces metal-grafite. Consequentemente, a fase e a amplitude das ondas THz emitidas dependiam das varreduras bidireccionais dos portadores. Além disso, a estrutura de grafeno holey incorporada com azoto proporcionou a abertura do intervalo de banda juntamente com o movimento circular dos portadores ao longo das redes laterais de células unitárias. Nesta estrutura, a excitação do laser polarizado circularmente aumentou os transientes THz em comparação com o feixe polarizado linearmente.

Capítulo 1

Introdução

O espetro eletromagnético foi dividido em duas grandes áreas: rádio/micro-ondas e luz/ótica. As frequências de rádio e micro-ondas têm sido acedidas diretamente através da eletrónica, enquanto as radiações de comprimento de onda longo dependem da fotónica. Entre estas duas áreas encontra-se o que é frequentemente designado por intervalo terahertz [15]. O termo radiação terahertz (THz) refere-se a ondas electromagnéticas que se propagam a frequências na gama dos terahertz. É normalmente designada por radiação sub-milimétrica, ondas terahertz, luz terahertz, raios T, luz T, fluxo T, THz. O termo aplica-se normalmente à radiação electromagnética com frequências entre o limite de alta frequência da banda de micro-ondas, 300 GHz (3 x 1011 Hz), e o limite de comprimento de onda longo da luz infravermelha distante, 3000 GHz (3 x 1012 Hz ou 3 THz). Em comprimentos de onda, esta gama corresponde a 0,1 mm de infravermelhos a 1,0 mm de micro-ondas.

A posição das ondas THz é muito interessante no espetro. Na Fig. 1, o lado esquerdo está associado a dispositivos electrónicos como circuitos, guias de ondas e antenas. No outro lado, a ótica, como lentes, espelhos e lasers, é comum. Do ponto de vista da física, a ótica é mais descrita pela mecânica quântica e a electromagnética pela eletrónica. Há muitas formas de interpretar 1 THz.

Período :

$$Period : T = \frac{1}{\nu} = \frac{1}{1 \times 10^{12} Hz} = 1 \times 10^{-12}\, s \qquad (1.1)$$

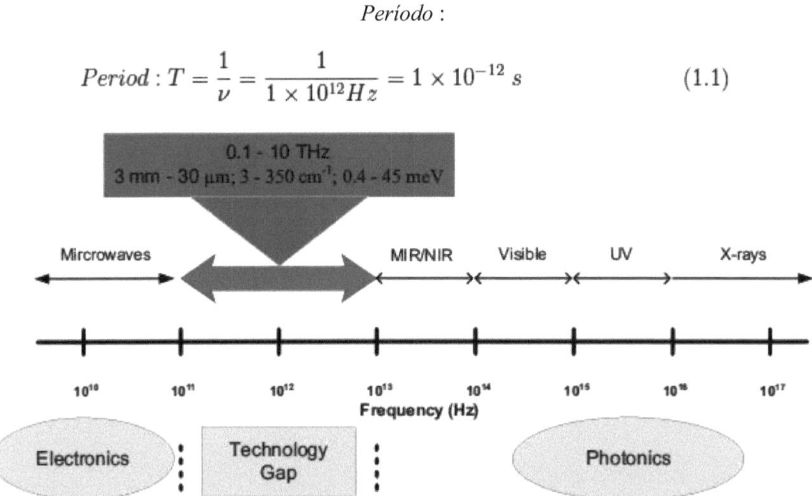

Figura 1.1: Uma ilustração do fosso tecnológico THz.

$$Wavelength : \lambda = \frac{c}{\nu} = \frac{3 \times 10^8 m}{1 \times 10^{12} Hz} = 300\ \mu m \quad (1.2)$$

$$Photon\ energy : E = h\nu \approx 4.1\ meV \quad (1.3)$$

$$Thermal\ energy : E = k_B T \approx 48\ K \quad (1.4)$$

Comprimento de onda :

Energia dos fotões

Energia térmica :

Onde v é a frequência, c é a velocidade da luz, h é a constante de Plank, kB é a constante de Boltzmann e T é a temperatura. Só na última década é que esta região THz está cientificamente disponível, com fontes de banda larga de intensidade moderada produzidas por impulsos laser ultra-rápidos incidentes em semicondutores polarizados ou cristais não lineares.

1.1 Caraterísticas das ondas THz e suas aplicações

Todas as caraterísticas das ondas THz estão mutuamente ligadas e são geralmente explicadas pela sua energia fotónica. As caraterísticas das ondas THz são normalmente classificadas em quatro categorias: energia, assinaturas, penetração e não ionizantes.

Como se explica na Fig. 1, o espetro THz corresponde a 0,4-45 meV. Uma vez que esta gama de energia de fotões não está facilmente disponível com fontes laser convencionais ou osciladores electrónicos, a espetroscopia com radiações THz fornece novas informações em química e bioquímica. Para além disso, a energia térmica à temperatura ambiente de 300 K corresponde a 6,25 THz.

Em segundo lugar, muitas moléculas grandes, incluindo vapores de água, apresentam forte absorção e dispersão no espetro THz. A origem de tal comportamento está associada à transição entre estados moleculares. Uma vez que a energia necessária para efetuar a transição entre os estados depende do tamanho do átomo ou da molécula, as linhas espectrais são únicas para cada molécula, tal como as impressões digitais dos seres humanos. É por esta razão que as linhas espectrais são designadas por impressões digitais ou espetro de assinatura. Em terceiro lugar, a radiação THz pode penetrar em vários materiais não condutores, com exceção da água, devido à sua natureza parcialmente de onda electromagnética. Esta caraterística é importante para aplicações de imagiologia e segurança. A última propriedade importante dos raios T é a sua caraterística não ionizante. Ao contrário dos raios X, a onda

THz tem uma energia fotónica relativamente baixa para danificar os tecidos e o ADN. Algumas frequências de radiação THz podem penetrar em vários milímetros de tecidos com baixo teor de água e refletir-se de volta. As ondas THz podem também detetar diferenças no teor de água e na densidade dos tecidos.

1.2 Panorâmica histórica da espetroscopia THz no domínio do tempo (THz-TDS)

Em física, a espetroscopia de terahertz no domínio do tempo (THz-TDS) é uma técnica espectroscópica em que as propriedades de um material são sondadas com impulsos curtos de radiação THz ation. Este esquema é sensível ao efeito do material da amostra tanto na amplitude como na fase da radiação THz. A este respeito, a técnica pode fornecer mais informações do que a espetroscopia convencional de transformada de Fourier, que só é sensível à amplitude. A natureza pulsada e o esquema de deteção coerente da THz-TDS permitem extrair as propriedades dieléctricas, como a permissividade complexa ε ou o índice de refração complexo n, simultaneamente com a espessura da amostra.

A radiação THz tem várias vantagens distintas em relação a outras formas de espetroscopia: muitos materiais são transparentes a THz, a radiação THz é segura para os tecidos biológicos porque não é ionizante (ao contrário, por exemplo, dos raios X) e as imagens com radiação THz podem ter uma resolução relativamente boa (inferior a 1 mm). Embora não seja estritamente uma técnica espectroscópica, a largura ultra-curta dos impulsos de radiação THz permite medições (por exemplo, espessura, densidade e localização de defeitos) para sondar materiais difíceis (por exemplo, espuma). A capacidade de medição partilha muitas semelhanças com a observada nos sistemas ultra-sónicos pulsados. As reflexões de interfaces e defeitos enterrados podem ser encontradas e visualizadas com precisão.

A invenção do interrutor fotocondutor é muito importante para a emissão e deteção de THz. No início, quando Auston desenvolveu o interrutor PC, este era apenas um interrutor e não um emissor ou detetor de raios T [3]. Nessa altura, foi utilizado um laser de Nd:vidro com bloqueio de modo para excitar o material do PC: Si de alta resistividade. A técnica de amostragem utilizada para detetar impulsos de picossegundos é desenvolvida mais tarde, em 1980, por Auston et al. [5]. Um ano mais tarde, Smith et al. [77] desenvolveram o Si-on-sapphire danificado por radiação (RD-SOS) como material de PC. O RD-SOS foi utilizado como material de PC durante mais de dez anos, até ser substituído pelo GaAs cultivado a baixa temperatura (LT-GaAs). A primeira utilização de um comutador de PC como emissor EM foi registada por Mourou et al. em 1981 [50]. Na experiência de Mourou, foi utilizado um laser de corante de onda contínua (CW) passivamente bloqueado e SI-GaAs dopado com Cr.

A primeira experiência moderna de emissão e deteção de THz utilizando um interrutor de PC foi realizada por Auston et al. em 1984 [4]. Geraram e detectaram um impulso EM de cerca de 1,6 ps utilizando um impulso ótico de 100 femtosegundos e o material PC RD-SOS. Esta experiência é certamente um dos trabalhos monumentais que promoveram a optoelectrónica THz.

Finalmente, a utilização espectroscópica das ondas THz foi proposta pelo grupo de Grischkowsky em 1989 [87]. A configuração THz-TDS mais convencional, que utiliza dois espelhos parabólicos fora do eixo e uma lente numa antena de PC, é apresentada mais tarde [86]. A descoberta do funcionamento com auto-bloqueio de modo no laser de Ti:safira promoveu a tecnologia THz. Após o desenvolvimento do laser de impulsos curtos no início de 1990, o laser Ti:safira comercial tornou-se disponível [79]. Para os actuais sistemas THz-TDS, o laser Ti:safira com auto-bloqueio de modo e o LT-GaAs são as escolhas mais comuns. O LT-GaAs proporciona o tempo de vida mais curto dos portadores entre os materiais com um intervalo de banda próximo do infravermelho (NIR) [71].

Capítulo 2

Técnicas de geração e deteção de THz

Neste capítulo, os mecanismos de geração e deteção de THz são resumidos. Em primeiro lugar, as fontes de radiação THz que utilizam excitação por laser de femtosegundo podem ser classificadas em três tipos: antena fotocondutora (PCA), superfície semicondutora e meios não lineares. A PCA com polarização DC é o radiador mais potente entre os três emissores, mas tem a largura de banda mais estreita. O emissor que tem a maior largura de banda é o meio não linear com efeito de retificação ótica. O terceiro é a superfície semicondutora iluminada por um impulso laser. As radiações THz podem também ser geradas a partir de estruturas quânticas, fonões ópticos longitudinais coerentes e pontes supercondutoras.

Existem diferentes tipos de fontes de radiação THz de onda contínua (CW), incluindo o laser THz. Entre estas, a fonte de THz mais potente é o laser de electrões livres, introduzido em 2002 [13]. Outra invenção maravilhosa relatada no mesmo ano é o laser THz em cascata quântica que produz 4,4 THz de modo único com 2 mW de potência [38].

Em geral, os detectores de ondas THz pulsadas utilizam excitação laser de femtossegundos. Os PCA fornecem uma corrente escura baixa, ou seja, um método de deteção com baixo ruído. No entanto, a amostragem electro-ótica pode ser utilizada para a deteção de sinais de grande largura de banda ou para a medição de grandes aberturas. Para a deteção coerente de THz-TDS, mede-se tanto a amplitude como a fase, mas pode utilizar-se um detetor incoerente, como um bolómetro ou um detetor piroelétrico, para medir a potência das radiações THz.

2.1 Métodos de geração de THz

2.1.1 Antenas fotocondutoras (PCA)

Os impulsos THz são gerados de diferentes formas, tais como a irradiação de antenas de PC, superfícies semicondutoras ou estruturas quânticas quando iluminadas por impulsos laser de femtossegundos. Nestes métodos, as radiações de impulsos THz das antenas de PC são importantes e fundamentais. A Fig. 2.1 apresenta um esquema normalizado de geração de impulsos THz. Na construção da antena de PC, é necessário um substrato de PC com excelentes propriedades, como tempo de vida curto do portador, alta mobilidade e alta tensão de rutura. Entre eles, o LT-GaAs tem sido o mais utilizado. Desde o advento do LT-GaAs, têm sido realizados estudos aprofundados para aplicações optoelectrónicas ultra-rápidas, graças ao seu tempo de vida melhorado dos portadores em subpicossegundos, à mobilidade relativamente elevada dos portadores e aos elevados campos de rutura. As propriedades do LT-GaAs são determinadas pelas condições de crescimento durante o processo MBE e o recozimento após o crescimento. Sabe-se que, durante o crescimento, é incorporado As extra, o que leva à formação de uma elevada densidade (10^{17} cm^{-3} a 10^{20} cm^{-3}) de defeitos pontuais. Estes defeitos geram uma banda de midgap e comportam-se como centros de recombinação não radiativa que diminuem os tempos de vida dos portadores. À medida que a temperatura de crescimento é reduzida, são induzidos mais defeitos e o tempo de vida dos portadores diminui. Para aumentar a resistividade, a amostra é recozida in situ. Enquanto o LT-GaAs crescido é relativamente condutor (p~ 10 Ω.^) à temperatura ambiente, o LT-GaAs recozido é semi-isolante (ρ~ 107 Ω.^). Apesar da elevada densidade de defeitos e precipitados de As, a mobilidade Hall à temperatura ambiente do LT-GaAs recozido é relativamente elevada (μ~ 1000 cm²/(V - s)) induzindo um tempo de vida curto dos portadores. A estrutura da antena consiste numa linha de transmissão coplanar e numa antena dipolo com um pequeno intervalo no centro, fabricada no substrato, como se mostra na Fig. 2.1. Quando a lacuna é bombeada com impulsos laser de femtosegundos com uma energia superior à do intervalo de banda do semicondutor, são gerados portadores livres. Os portadores são então acelerados pelo campo externo e desaparecem com uma constante de tempo determinada pelo tempo de vida do portador. Isto resulta numa fotocorrente pulsada na antena do PC. A modulação da corrente ocorre na faixa de subpicossegundos e, portanto, emite um pulso THz. Para uma antena dipolo hertziana, o campo elétrico radiado E(r, t) a uma distância é

$$E(r,t) = \frac{l_e}{4\pi\epsilon_0 c2r}\frac{\partial j(t)}{\partial t}\sin\theta \propto \frac{\partial j(t)}{\partial t} \qquad (2.1)$$

em que j (t) é a densidade de corrente no dipolo, l_e o comprimento efetivo do dipolo, e_0 a constante dieléctrica do ar, c a velocidade da luz e θ o ângulo em relação ao dipolo. A equação (2.1) indica que a amplitude da radiação é proporcional à derivada temporal da fotocorrente $\frac{\partial j(t)}{\partial t}$ e ao comprimento efetivo da antena l_e. A densidade de fotocorrente é

$$j(t) \propto I(t) * [n(t)qv(t)] \qquad (2.2)$$

em que * é o produto da convolução, I(t) é a intensidade ótica e q, n(t) e v(t) são o tipo de carga, a densidade de portadores e a velocidade dos fotocarregadores,

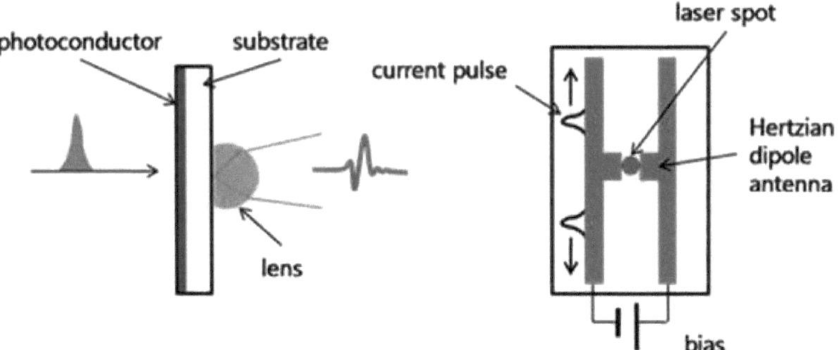

Figura 2.1: Geração padrão de impulsos THz a partir de uma antena de PC.

respetivamente. A dinâmica dos portadores fotoexcitados num semicondutor baseia-se no modelo clássico de Drude.

2.1.2 Superfícies de semicondutores

A geração de radiações de pulsos THz na maioria dos semicondutores de banda larga pode ser descrita pelo efeito dos campos de depleção da superfície. As superfícies dos semicondutores são cobertas por monocamadas compostas por átomos com orbitais livres de ligações covalentes denominadas ligações pendentes. Estas ligações formulam um grande número de estados de superfície e influenciam as propriedades eléctricas. Os doadores e aceitadores no interior do semicondutor são capturados pelo estado de superfície e tendem a fixar o nível de Fermi, o que induz camadas de carga espacial perto da superfície e dobra as bandas de energia perto da interface ar/semicondutor, induzindo um campo elétrico de superfície incorporado. O campo de superfície é normal à superfície e a intensidade do campo é determinada pela barreira de Schottky e pela densidade de dopagem. Normalmente, as bandas de energia estão dobradas para cima nos semicondutores do tipo n e para baixo nos semicondutores do tipo p. A Fig. 2.2 (a) mostra um diagrama de bandas de um semicondutor do tipo p.

Os fotões são absorvidos e os pares eletrão-buraco são gerados quando um impulso laser ultrarrápido atinge uma superfície semicondutora com uma energia de fotão superior à do intervalo de separação. O campo elétrico incorporado desloca os dois tipos de portadores em direcções opostas, como se mostra na Fig. 2.2. Os electrões movem-se em direção à superfície e os buracos em direção ao semicondutor. Os portadores livres são arrastados através da camada de depleção, dando origem a uma fotocorrente e a uma camada de dipolo. Este fluxo de corrente, designado por corrente de pico, irradia impulsos de THz. Nos semicondutores de banda estreita, como o InAs, a corrente de pico é gerada por diferentes velocidades de difusão entre electrões e buracos e pelo subsequente relaxamento da distribuição de cargas, denominado efeito foto-Dember [17]. A geração da fotocorrente é da ordem da duração do impulso laser em ambos os casos. As direcções do impulso THz irradiado no ar e no semicondutor satisfazem a lei de Fresnel generalizada. O impulso para o ar é colinear com os impulsos reflectidos da bomba. Isto implica que o impulso de THz irradiado causado pela corrente de pico não pode ser detectado a partir da direção normal à superfície, porque o dipolo é gerado normal à superfície.

2.1.3 Meios não lineares

O processo de geração de radiações THz a partir de meios não lineares é geralmente designado por retificação ótica. Para gerar impulsos THz através deste método, os impulsos laser de femtossegundos da gama visível ou NIR incidem nos meios não lineares. De acordo com o princípio da incerteza, os impulsos laser curtos têm um espetro alargado, pelo que os meios não lineares podem misturar estes componentes de frequência alargada. Por conseguinte, o impulso de THz emitido contém

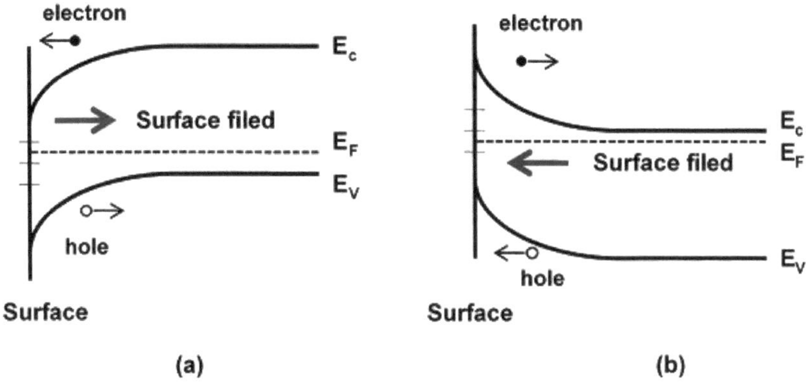

Figura 2.2: Diagrama de bandas e fluxo de corrente de deriva em semicondutores do tipo p e do tipo n.

combinação de frequências de batimento dentro da largura de banda do laser. Em suma, o processo de retificação ótica é simplesmente a geração de todas as diferentes frequências dentro do espetro do impulso laser. A polarização não linear é dada por

$$P(\omega) = \epsilon_0 \chi^{(2)}(\omega_1 - \omega_2) E(\omega_1) E^*(\omega_2) \qquad (2.3)$$

Em que e_0 é a constante dieléctrica do vácuo, $\chi^{(2)}$ é a suscetibilidade não linear de segunda ordem, ω é a componente de frequência do laser e E é o campo elétrico do feixe laser. O campo THz emitido é proporcional à segunda derivada temporal de P (ω).

$$E_{THz}(t) \propto \frac{\partial^2 P(t)}{\partial t^2} \qquad (2.4)$$

Tabela 2.1: Exemplos de materiais não lineares utilizados para retificação ótica [18]

Semicondutores	Cristais inorgânicos	Cristais orgânicos
GaAs	LiNbO3	tosilato de 4-N-metilstilbazólio (DAST)
InP	LiTaO3	N-benzil-2-metil-4-nitroanilina (BNA), (-)2-(a-metilbenzil-amino)-5-nitropiridina, (MBANP)
CdTe	Polímeros electro-ópticos	
InAs		
InSb		
GaP		
ZnTe		
ZnCdTe		
GaSe		

2.2 Esquemas de deteção

Nesta secção, são discutidos dois métodos de deteção coerente que são amplamente utilizados para THz-TDS.

2.2.1 Deteção fotocondutora

A deteção de impulsos THz utilizando uma antena de PC baseia-se nos mesmos princípios físicos que a geração de impulsos THz, em que a excitação de impulsos ultra-rápidos num semicondutor provoca alterações rápidas na condutividade. A imagem concetual da medição do sinal é apresentada na Fig. 2.4. Para simplificar, o substrato semicondutor não é apresentado. O impulso ótico de femtossegundos fecha o interrutor fotocondutor com uma escala de tempo de sub-picossegundos, de modo que a corrente pode fluir pelo campo elétrico THz apenas no tempo de fecho. Uma vez que, com um impulso ótico, é medida uma pequena porção do impulso THz. Para cada ponto de dados, o atraso entre o feixe de acoplamento e o feixe de geração de THz é alterado. Por conseguinte, os dados de impulsos THz resolvidos no tempo são observados utilizando uma unidade mecânica de geração de atrasos que altera a chegada relativa

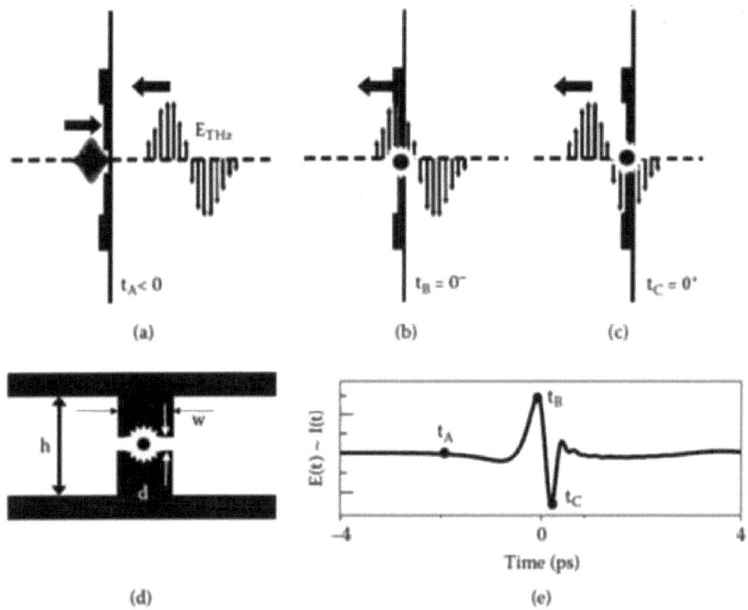

Figura 2.3: Imagem concetual do processo de medição de ondas THz.

tempo do impulso ótico e do impulso THz.

Como mostra a Fig. 2.4, não só a intensidade, mas também a polaridade do campo é medida pela direção da corrente, ou seja, a deteção coerente.

A densidade média temporal da corrente medida é

$$j(\tau) = \frac{1}{T}\int_{o}^{T} E(t)\sigma(t-\tau))dt \qquad (2.5)$$

Onde T é o período de repetição do impulso laser, τ é a diferença de tempo de chegada entre o impulso ótico e o impulso THz no PCA, E é o campo elétrico THz e σ é a condutividade variável no tempo da antena gap que depende em grande medida da largura do impulso laser e do tempo de vida do portador. A equação (2.5) implica que, para obter uma forma perfeita do impulso THz, é necessária uma condutividade de função delta, um impulso laser infinitesimalmente curto e um tempo de vida da portadora. Embora não se disponha de material com um tempo de vida infinitesimal do portador, um tempo de vida praticamente inferior a um picosegundo e um impulso laser de cerca de 100 femtossegundos são aceitáveis para um sinal moderado [33]. Os materiais mais utilizados são o RD-SOS e o LT-GaAs, nos quais o tempo de vida pode ser adaptado através do controlo da temperatura de crescimento e da dosagem da implantação iónica. Para mais informações sobre os materiais, o tempo de adaptação e a espessura da película, consultar [9, 19]. O material PCA ideal tem uma mobilidade elevada e um tempo de vida curto do portador, mas existe um compromisso entre estas duas variáveis materiais, uma vez que é desejável um maior número de defeitos para um tempo de vida mais curto do portador, ao passo que é preferível um menor número de defeitos para uma mobilidade elevada.

2.2.2 Deteção electro-ótica

O sistema de amostragem electro-ótica foi inventado pela primeira vez por Valdmanis et al. em 1982 [84] e mais tarde foi adotado para a deteção de impulsos THz por Q. Wu e X.-C. Zhang [90]. Este método constitui uma alternativa para a deteção de ondas THz com uma largura de banda mais ampla do que a PCA, uma vez que utiliza a resposta ótica para medir a variação do campo THz. Como se mostra na Fig. 2.5, o feixe de THz e o feixe da sonda ótica são combinados de modo a que ambos os feixes sejam co-propagados. Quando estes feixes atravessam o cristal EO, o campo elétrico do feixe THz modifica a birrefringência do cristal EO (efeito EO linear ou efeito Pockels). Como resultado, a polarização do feixe da sonda é variada e a variação é proporcional à intensidade do campo elétrico THz. Finalmente, o atraso de fase é medido utilizando uma placa de quarto de onda, um prisma de Wollaston e um detetor diferencial.

A amostragem EO é especialmente útil na deteção de sinais de maior largura de banda. Por exemplo, utilizando um emissor não linear e um detetor EO com um impulso ótico de 10 femtossegundos, é possível gerar e detetar um impulso THz com uma largura de banda de 30

THz. Uma vez que o feixe ótico é medido na amostragem EO, as medições bidimensionais são muito mais fáceis do que a PCA, porque estão disponíveis comercialmente detectores bidimensionais, como a matriz CCD 2D [89].

No entanto, os índices de refração do impulso laser (geralmente ondas NIR e THz) são diferentes, pelo que a velocidade de propagação dos dois raios é ligeiramente diferente. Esta diferença pode induzir oscilações no sinal medido [85]. Além disso, a espessura do cristal de EO é cuidadosamente escolhida porque existe uma relação de compromisso entre a sensibilidade e a largura de banda detectada de um detetor de EO THz. Em geral, os cristais mais espessos têm maior sensibilidade mas menor largura de banda do que os cristais mais finos e vice-versa. O cristal espesso provoca uma redução da eficiência de deteção para o aumento do desfasamento de dois feixes [53]. Embora várias centenas de micrómetros de ZnTe (110) sejam amplamente utilizados para THz-TDS, a escolha da espessura pode ser diferente para cada aplicação-alvo ou objetivo da experiência

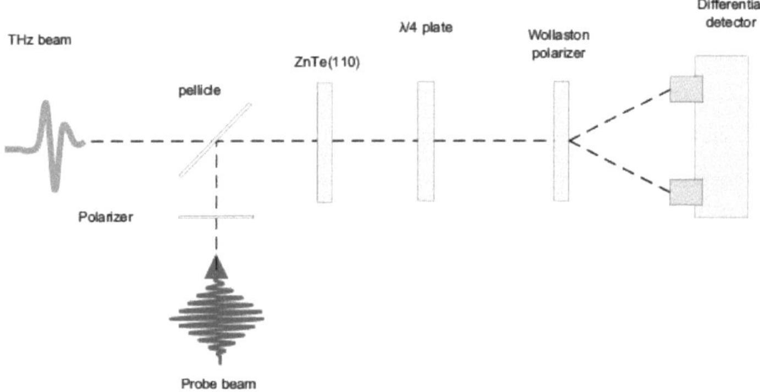

Figura 2.4: Instalação de amostragem electro-ótica.

Capítulo 3

Emissão THz a partir de grafite dopada de forma diferente

3.1 Introdução

O carbono existe em muitos derivados dimensionais, como o fulereno de dimensão zero, os nanotubos de carbono unidimensionais, o grafeno bidimensional e o diamante e a grafite tridimensionais. A diferente disposição atómica nos alótropos de carbono é a principal causa das diferentes propriedades ópticas e de transporte. Entre os exemplos mais importantes das propriedades únicas das formas à base de carbono, a grafite é um semimetal, constituído por folhas empilhadas de átomos de carbono. Os átomos de carbono formam um favo de mel num plano da grafite. A interação entre os planos é constituída por forças de van der Waals bastante fracas. Sabe-se que as propriedades eléctricas e ópticas da grafite numa direção paralela ou perpendicular a estas camadas de grafeno são diferentes. Esta estrutura peculiar confere à grafite qualidades únicas que são amplamente utilizadas em diferentes aplicações.

As propriedades térmicas, eléctricas e ópticas da grafite têm vindo a suscitar um interesse renovado devido às potenciais aplicações do grafeno e sistemas afins na eletrónica ultra-rápida à escala nanométrica [59, 11]. A dinâmica ultra-rápida das excitações elementares na grafite tem sido estudada desde há muito tempo, a fim de compreender a interação entre os portadores e o seu acoplamento à rede; por exemplo, os primeiros estudos com sonda de bomba reivindicaram o processo de dispersão eletrão-eletrão numa escala de tempo de 50 femtossegundos ou mais rápida [74], enquanto uma análise de fotoemissão resolvida no tempo mostrou um tempo de dispersão eletrão-eletrão de 250± 50 femtossegundos, seguido de dispersão eletrão-fão em vários picossegundos [48]. Num estudo baseado em espetroscopia de terahertz (THz) resolvida no tempo, os electrões excitados termalizam e o sistema eletrónico perde 90% do seu excesso de energia inicial nos primeiros 500 femtossegundos através de um forte acoplamento eletrão-fão [35]. Estudos recentes indicam que, à semelhança dos semicondutores com um intervalo de banda não nulo, os electrões e os buracos estabelecem distribuições de quase-equilíbrio separadas numa escala de tempo ainda mais curta de 30 femtossegundos [10].

A geração de ondas THz a partir da grafite é também de interesse atual, tanto no regime de campo distante como no de campo próximo. Os processos não lineares e a fotocondutividade têm sido considerados os dois principais mecanismos de geração de ondas THz em materiais relacionados com a grafite, à semelhança dos semicondutores [71]. A não-linearidade pode ser crucial em estruturas nanométricas com maior relação superfície-volume; por exemplo, foi estimada uma grande suscetibilidade de segunda ordem em cristalitos de grafite nanométricos irradiados por impulsos de nanossegundos com energias de impulso elevadas até 4 mJ [45] e a suscetibilidade de terceira ordem, induzida por interferência quântica entre a absorção de um e dois fotões de impulsos relacionados com a fase, pode levar à emissão de ondas THz em nanotubos de carbono com amplitude uma ordem de grandeza superior à da grafite [56]. A geração de ondas THz a partir de amostras de grafite pirolítica altamente orientada (HOPG) foi observada e associada à aceleração de portadores de carga ao longo do eixo c, quer a partir do movimento de deriva na camada de carga do espaço de superfície (SCL) , quer a partir do efeito foto-Dember [65]. Além disso, a investigação de campo próximo mostrou que as ressonâncias electromagnéticas de modo próprio conduziram a um comportamento oscilatório da amplitude THz ao longo da direção lateral [52]. Por outro lado, os diferentes tipos de materiais de grafite, como a grafite natural e a grafite policristalina, ainda não foram explorados no que respeita às caraterísticas de emissão THz. Além disso, a informação de fase em função dos tipos de dopagem pode ser um fator chave para compreender os mecanismos subjacentes à radiação THz. A corrente dipolar transitória de electrões e buracos com diferentes velocidades de difusão (designada por efeito foto-Dember) [34] não conduz a uma mudança de fase com os tipos de dopagem, ao passo que as correntes de pico através da deriva de portadores em torno da SCL são influenciadas pelas formas de flexão de banda dependentes dos dopantes nos semicondutores [40]. No entanto, ainda não existem investigações experimentais sobre a correlação direta entre a fase das ondas THz e os mecanismos de emissão na grafite e materiais afins, possivelmente devido às limitações tecnológicas da possibilidade de controlo do tipo de dopagem durante o crescimento do material [20].

Neste trabalho, relatamos a mudança de polaridade das ondas electromagnéticas THz irradiadas a partir de amostras de grafite com diferentes dopagens em geometria de reflexão convencional e a sua relação com os mecanismos de emissão subjacentes. Esclarecemos ainda a influência da energia de excitação, do ângulo azimutal e da potência de excitação (no contexto da contribuição não linear para a geração de ondas THz) nas mudanças de fase e amplitude.

3.2 Amostras e esquemas experimentais

Os monocristais de grafite natural de alta qualidade foram fornecidos pela POSCO e foram clivados ex situ. Posteriormente, foram introduzidos na câmara de vácuo e an-

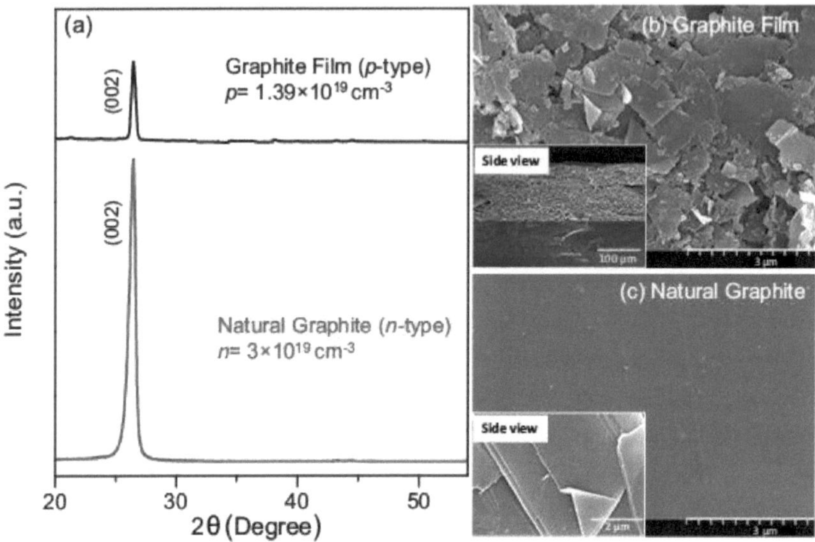

Figura 3.1: (a) Difração de raios X da grafite natural (em baixo) e da película de grafite (em cima) com desvio para maior clareza. (b,c) Imagens SEM da película de grafite e da grafite natural, com a inserção a mostrar a vista lateral das amostras.

A película de grafite policristalina foi preparada misturando pó de grafite (^ 900^ C num vácuo melhor que 6 x 10 ⁶ Torr [39]. As películas de grafite policristalina, por outro lado, foram preparadas misturando pó de grafite (^ 98% de carbono) com o-diclorobenzeno. A solução foi sonicada para obter uma mistura uniforme. O filme de grafite foi feito por drop casting, tendo uma espessura de 300 µm. A concentração de portadores n (p) para a grafite natural (películas de grafite) foi estimada em~ 3 x 10^{19} cm^{-3} (~ 1,39 x 10^{19} cm^{-3}) pela medição Hall na configuração de Van der Pauw. A Figura 1(a) compara o padrão de difração de raios X (XRD) da grafite natural com o da película de grafite. Os resultados de XRD na grafite natural e na película de grafite mostraram picos fortes em^ 26,5^ que corresponde à reflexão (002), indicando

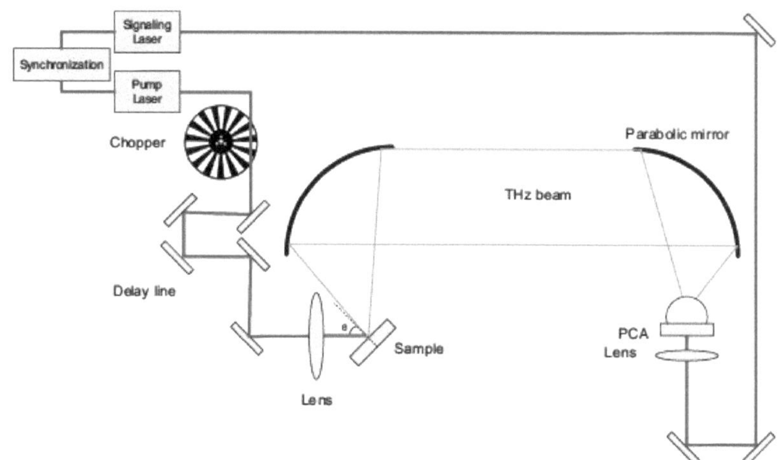

Figura 3.2: Configuração da espetroscopia THz no domínio do tempo

a estrutura de camada altamente ordenada ao longo do eixo c [23]. Como manifestado nas imagens SEM da Fig. 1 (b, c), a principal diferença entre as amostras foi o tamanho do floco que foi reduzido no caso da amostra de filme de grafite devido à potência ultra-sônica impingida através do processo de sonicação. No entanto, considerando a profundidade de absorção muito menor ("20 nm [83]) em comparação com o tamanho do ponto ótico convencional (> 100 μm), os transportes *ao longo da normal aos planos de grafite* estão associados a processos de radiação THz. A escala relevante de SCL (~ 10 nm; Cf. Eq. (2)) ou comprimento de difusão ("500 nm; estimado a partir da relação de Einstein usando a mobilidade intrínseca da grafite (~ 10.000 $cm^2/(Vs)$) [61] com o excesso de energia (~ 1.55 eV), e o tempo de relaxação do momento de "0,2 ps) implica que a diferente escala cristalina entre as amostras (> 1 μm na película de grafite e> 1 mm na grafite natural) não poderia interromper significativamente as caraterísticas de radiação das ondas THz.

Para a espetroscopia THz convencional no domínio do tempo (THz-TDS), utilizámos um par de sistemas laser de Ti-safira, sincronizados a 76 MHz, com um jitter (~ 113 femtossegundos) inferior à largura de pulso (~ 160 femtossegundos). Com base neste esquema, cada laser pode ser utilizado quer como fonte de bombagem (variando entre 740-820 nm; cf. Fig. 2) para a geração de THz, quer como fonte de sinalização (fixada a 800 nm) para deteção através de lentes de Si acopladas a uma antena foto-condutora (PCA) cuja sensibilidade foi optimizada em cerca de 1 THz. O ângulo de incidência do feixe de excitação foi de 45° em relação à normal da superfície da amostra e as ondas THz das amostras foram guiadas através de um par de espelhos parabólicos fora do eixo para a PCA com um comprimento total de propagação de^ 40 cm no espaço livre. A potência média de excitação por impulso foi mantida em cerca de 5 MW cm^{-2}, muito inferior à do regime não linear induzido por laser na grafite [45]. A densidade de portadores fotográficos foi estimada em 7,9x1017 cm^{-3} e 7,5x1017 cm^{-3} para a grafite natural e a película de grafite, respetivamente.

3.3 Mecanismo de geração de THz

3.3.1 Pico de fotocorrente no campo de depleção

Em primeiro lugar, vamos ocupar-nos com uma discussão dos fenómenos de transporte e das caraterísticas relevantes das ondas THz emitidas concomitantemente, adiando a discussão sobre a influência dos processos não lineares (cf. Fig. 3). Presumivelmente, a deriva de portadores, ou seja, a aceleração de foto-portadores devido à flexão de banda perto da superfície, é facilmente alcançada devido ao comportamento de electrões e buracos em distribuições de quase-equilíbrio separadas que são tendenciosas em direcções opostas em regiões de potencial inclinado. A fase oposta entre amostras com dopagem diferente também foi considerada uma evidência crucial da deriva de portadores como o principal mecanismo de geração de THz noutras estruturas [34, 27]. Nesta

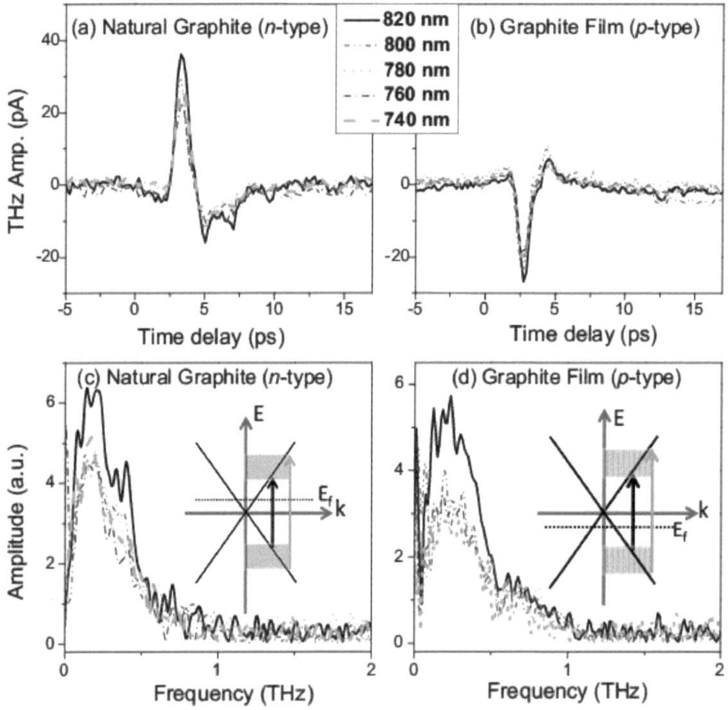

Figura 3.3: Sinais no domínio do tempo de ondas THz e espectros transformados de Fourier

em diferentes comprimentos de onda de excitação em (a,c) grafite natural e (b,d) película de grafite. A variação da energia de excitação no diagrama de bandas de energia no ponto K é representada nos desenhos animados.

A propósito, os resultados experimentais medidos a partir de amostras dopadas de forma diferente são comparados na Fig. 2 em função da energia de excitação, variando de 1,51 eV (820 nm) a 1,67 eV (740 nm) com uma fluência de excitação fixa de^ 0,8 μJ/cm². Mais importante ainda, a fase dos impulsos THz para a grafite monocristalina do tipo n foi oposta à da película de grafite do tipo p, independentemente da variação da energia de excitação. Esta informação de fase distinta pode estar associada à direção de aceleração dos dipolos transitórios na SCL. Especificamente, espera-se que a deslocação da carga aumente durante a duração do impulso e diminua através do desenvolvimento de campos de carga espacial e do relaxamento do momento do portador. Por outro lado, a emissão de THz a partir do efeito foto-Dember na escala de comprimento de difusão deve ser aumentada com o excesso de energia do portador e a mobilidade ponderada dos electrões que o acompanha [27]. Em ambas as amostras, pelo contrário, a intensidade dos sinais THz diminuiu ligeiramente com a energia de excitação em^ 40 (20) % na grafite natural (película de grafite). A diminuição da amplitude com a energia de excitação não é claramente compreendida neste momento, mas poderia ser examinada em outro lugar do ponto de vista da excitação de diferentes vales ou espalhamento intervalado K-K ' [62] como manifestado nos semicondutores de baixo gap, como InSb com vale Γ-para-L [27] e InAs com vale X-para-Γ [30]. Anteriormente, em amostras de HOPG, a acumulação de carga devido às falhas de empilhamento era conhecida por causar os campos eléctricos incorporados paralelos ao eixo c. Os campos embutidos via falhas de empilhamento geram assim transporte adicional de portadores ao longo do eixo c. Apenas quando a fonte de excitação incidia no plano da borda (perpendicular ao plano basal), a inversão de fase das ondas THz ao rodar o eixo c em 180° foi observada e compreendida do ponto de vista da aceleração lateral do portador na direção oposta [65]. A influência da formação do campo unidirecional incorporado em torno de falhas de empilhamento, no entanto, não poderia ser crítica na nossa geometria de excitação do plano basal, considerando a profundidade de absorção muito menor do que a escala cristalina.

A relação entre os campos THz dos mecanismos difusivos e de deriva nas nossas amostras foi simplificada através da adaptação do trabalho anterior [2]:

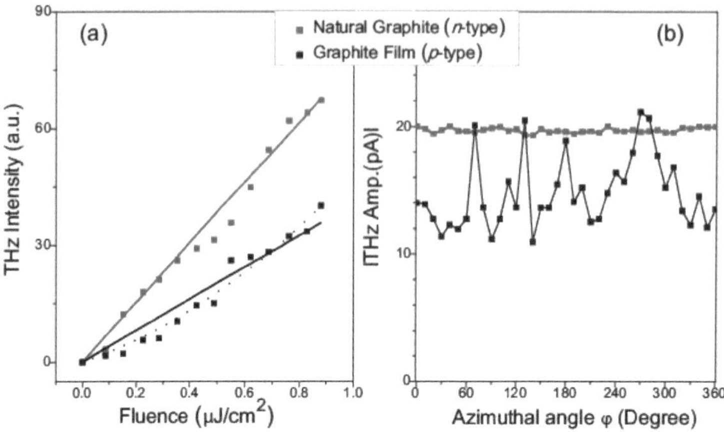

Figura 3.4: (a) Intensidade de THz (linhas dispersas) medida em função da influência de excitação em grafite natural do tipo n e grafite do tipo p, em comparação com as linhas sólidas lineares ou uma curva parabólica pontilhada. (b) Dependência do ângulo azimutal da influência THz

Amplitude do campo.

$$\frac{E_{Diffusion}}{E_{Drift}} = \frac{k_B T_e \varepsilon_0 \varepsilon \alpha^2 [\frac{b(n_0 - p_0)}{(1+b)} ln(1 + \frac{\Delta \tilde{n}(1+b)}{p_0 + b n_0}) - \Delta \tilde{n}]}{e^2 n_0 \Delta \tilde{n} (1+b)(e^{-\alpha W} + \alpha W - 1)}, \tag{3.1}$$

em que εo (ε) é a permissividade no espaço livre (grafite); α, coeficiente de absorção (~ 5×105 cm-1) [83]; e, carga elementar do eletrão; �n˜, a densidade de portadores de foto na superfície; b = μn/μp, a razão entre as mobilidades dos electrões (μn) e dos buracos (μp); Te, a temperatura dos portadores obtida a partir da energia residual dos fotões; W, a largura da SCL (~ 10 nm; cf. Eq. Eq. (2)); kB, constante de Boltzmann; n0 (p0), concentrações de electrões (buracos). O valor de ε para a grafite natural (grafite film) é considerado como sendo 6,6 [49] (5,8 [97]). O rácio acima referido dos campos THz foi de cerca de~ 1 × 10-2 (~ 2 × 10-2) para a grafite natural do tipo n (grafite do tipo p), o que implica que a aceleração do portador devido ao campo de superfície é o mecanismo de emissão THz dominante. Esta estimativa pode ser intuitivamente entendida pelo potencial foto-Dember reduzido [27], considerando as mobilidades semelhantes (b = 1,1) entre electrões e buracos na grafite [61].

Com base no facto de a grafite não ser transparente ao feixe de excitação, a geração de radiação THz perto da superfície deve ser limitada a uma camada fina constituída por múltiplos planos de grafeno dentro da profundidade de penetração do feixe da bomba [54]. Em comparação com os metais [47], a SCL na grafite é relativamente mais espessa devido à menor concentração de portadores de carga. A espessura da SCL (W) na superfície da grafite é formulada como [24]:

$$W = 2\sqrt{\frac{\varepsilon_o \varepsilon}{eN_o}} \times ln[\frac{\varphi_s e}{k_B T}], \quad (3.2)$$

onde N_o é a densidade de portadores no nível de Fermi, φ_sé a queda de potencial na SCL e T é a temperatura. Para φ_s~ 0,1 V (a disparidade da função trabalho entre o ar e a grafite) [47], a Eq. (2) conduz a W " 9 nm e 12 nm para a grafite natural e a película de grafite, respetivamente. Neste contexto, os portadores são acelerados na SCL, o que, por sua vez, desencadeia a radiação electromagnética no regime THz, em que a polaridade do campo elétrico é dirigida de forma coerente. Como se pode ver na Fig. 4, a curvatura das bandas à superfície de ambas as amostras foi simulada utilizando valores de sobreposição de bandas [43], o que está de acordo com estimativas anteriores [47]. Presumindo o regime de emissão linear das ondas THz com uma fluência de excitação bastante pequena, por outro lado, os efeitos da renormalização do band-gap [10] e do rastreio dos fotoportadores nos potenciais inclinados [28] numa escala de tempo precoce podem ser ignorados com segurança.

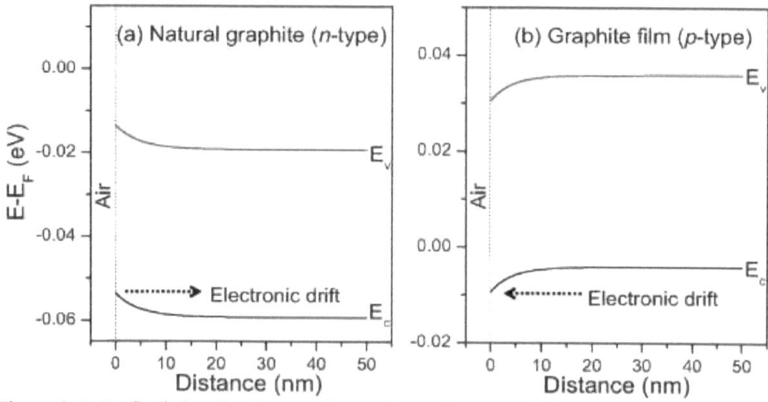

Figura 3.5: Perfis de bandas de energia em (a) grafite natural dopada com n e (b) grafite natural dopada com p

película de grafite.

3.3.2 Retificação ótica

Embora o efeito não linear de segunda ordem não seja permitido a partir do cristal de grafite natural a granel com a centro-simetria, o campo de depleção na SCL devido a portadores dopados involuntariamente, falhas de empilhamento ou o campo magnético aplicado poderia quebrar a simetria de inversão. A este respeito, as caraterísticas relacionadas com a não linearidade de segunda ordem através da quebra da simetria de inversão na SCL e nas fronteiras de grão podem ser examinadas nos nossos esquemas experimentais aumentando a fluência de excitação e rodando as amostras em torno do eixo c na geometria reflectora [69], como se mostra na Fig. 3 com excitação ótica de 800 nm. A intensidade (amplitude ao quadrado) das ondas THz mostrou um comportamento linearmente crescente com a fluência do laser de excitação na grafite natural, enquanto os resultados da película de grafite se ajustam melhor à curva parabólica da Fig. 3(a), o que indica a contribuição parcial do processo não linear na estrutura policristalina. Também notamos que o processo χ^2 conduz convencionalmente a uma periodicidade bem definida em medições axiais, como a simetria de quatro dobras em (100) InAs e a simetria de seis dobras em (111) InAs [69]. Nas nossas amostras, como mostra a Fig. 3(b), não houve uma dependência azimutal notável do ângulo (φ) na amplitude THz da grafite natural, enquanto que a variação abrupta não periódica da amplitude foi observada no filme de grafite policristalino. As mudanças abruptas em certos ângulos na Fig. 3(b) podem estar associadas aos flocos policristalinos de forma aleatória na escala menor que o tamanho do ponto em torno do qual a densidade adicional de conjuntos de dipolos poderia contribuir para os campos surfaciais ao longo do eixo não-c, assim com a concomitante quebra de simetria na película de grafite. Pelo contrário, a ausência de contribuição não linear na grafite natural implica a presença de um centro de simetria de inversão na mesma, pelo menos no âmbito da nossa excitação. No entanto, mesmo no filme de grafite com a contribuição não linear latente, a fase foi persistente independentemente de φ. Também notamos que a razão entre a contribuição média dependente de φ e a amplitude total foi apenas~ 6 % e a curva de ajuste parabólico na Fig. 3 (a) ainda estava próxima da dependência linear da fluência (indicada como linha linear sólida).

3.4 Conclusão

Demonstrámos experimentalmente várias caraterísticas das ondas electromagnéticas THz emitidas por grafite natural monocristalina e por películas de grafite policristalina. Interpretamos a fase oposta entre amostras com dopagem diferente como uma manifestação da deriva de portadores na geração de THz em que os dipolos foto-excitados são opostos polarizada pela mudança de gradientes de potencial perto da superfície. Demonstramos que a energia de excitação, a fluência de excitação e a alteração do ângulo azimutal não podem afetar a fase, o que implica que a deriva de portadores contribui principalmente para a emissão de THz. Além disso, a não linearidade da estrutura policristalina e as excitações de energia excessiva em ambas as amostras não foram associadas à inversão de fase.

Capítulo 4

Manipulação de ondas THz por engenharia de função de trabalho em grafite

4.1 Introdução

No domínio da ciência e tecnologia dos terahertz (THz), a engenharia das funcionalidades das ondas THz, como a amplitude, a fase, o espetro e a direccionalidade, poderá encontrar aplicações na imagiologia THz [14], no controlo coerente da dinâmica molecular [36] e na deteção remota [8]. Mais especificamente, é possível obter uma grande variedade de informações através do rastreio da fase das ondas THz emitidas relativamente aos parâmetros do material, ao transporte de portadores sem equilíbrio e aos perfis de banda. Os primeiros estudos indicavam que a inversão de polaridade da radiação THz podia ser conseguida em função do comprimento de onda do laser de bombagem em torno do bordo de banda em semicondutores a granel [29] ou em função da temperatura em semicondutores magnéticos diluídos [95]. A inversão de polaridade dos impulsos THz de ciclo único foi observada como resultado da mudança de fase Gouy que passa através de um plano focal [70]. O tipo de dopagem oposto foi outra fonte de inversão da polaridade THz em materiais como GaAs, InP [71] e grafite [31]. Recentemente, a inversão da polaridade das formas de onda THz foi observada através da comutação da helicidade de impulsos de polarização circular em cristais de NiO [57], da alteração da direção do campo magnético em HOPG ou da polaridade da polarização aplicada em grafite e antena fotocondutora [92, 65], do aquecimento ultrarrápido de arestas por laser em materiais termoeléctricos [80] ou da variação da espessura da película de InAs [94]. Além disso, a evolução temporal das formas de linha THz transitórias pode ser manipulada com precisão utilizando um modelador de impulsos ópticos [73].

Do ponto de vista dos materiais, os materiais à base de carbono suscitaram recentemente grande interesse na comunidade THz. Desde o advento do grafeno como um dos blocos de construção de materiais THz funcionais [81], as radiações THz do grafeno [42, 60, 6] e da grafite também foram registadas tanto no regime de campo distante [31, 65] como no de campo próximo [52]. No entanto, as heteroestruturas prospectivas, tais como as interfaces metal-grafite, não foram exploradas em termos de geração de THz através de interações luz-matéria, apesar de as caraterísticas de THz nas interfaces semicondutor-metal terem sido comunicadas há muito tempo [76, 96]. Em particular, a seleção de metais para controlar a magnitude e a direção do campo de depleção na interface metal-grafite poderia fornecer mais informações sobre a viabilidade da engenharia da função de trabalho em estruturas relacionadas. Neste trabalho, demonstramos como a função de trabalho modificada nas barreiras potenciais entre o metal e a grafite pode afetar a fase das ondas THz. Para compreender melhor os mecanismos subjacentes envolvidos, fundamentamos ainda mais o efeito do ângulo azimutal, da potência de excitação e das geometrias de deteção.

4.2 Amostras e esquemas experimentais

As camadas superficiais de amostras de grafite pirolítica altamente orientada (HOPG) (~ 1 mm de espessura) foram esfoliadas para evitar contaminações indesejadas de óxidos. As camadas metálicas (Pt, Au, Ag, Ti, Al) de 5 nm de espessura foram então depositadas por evaporação por feixe de electrões

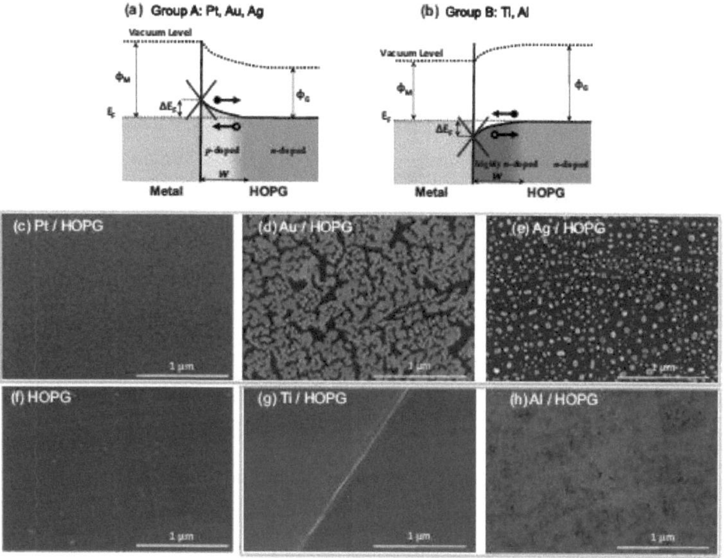

Figura 4.1: Ilustração esquemática da estrutura de bandas para (a) o grupo A e (b) o grupo B, exibindo dopagem do tipo p e dopagem altamente do tipo n perto das interfaces. Os parâmetros φ_M^ G) e ΔE_F correspondem à função de trabalho do metal (HOPG) e ao deslocamento do nível de Fermi, respetivamente, e W denota a largura da região de depleção. Os electrões e os buracos nas dispersões da banda de energia no vale K são representados por círculos preenchidos e abertos com setas, respetivamente, indicando o movimento de deriva. Imagens SEM do grupo A (c-e), do grupo B (g,h) (delineadas a laranja e azul, respetivamente) e do HOPG (f).

(para Pt, Au, Ag, Ti) ou evaporação térmica (para Al), seguido de recozimento durante 10 min a 200^ C num ambiente de azoto. As amostras de metal-grafite foram divididas em dois grupos com base na função de trabalho metálico (φ_M) [82]: Pt (5,3 eV), Au (4,8 eV) e Ag (4,64 eV) sobre HOPG (4,6 eV), referido como grupo A com valores de φ_M maiores que o do HOPG, e Ti (4,33 eV) e Al (4,25 eV) sobre HOPG como grupo B com valores de φ_M menores que o do HOPG. A Figura 1(a, b) apresenta os diagramas de bandas nas interfaces dos dois grupos. Os diferentes tipos de dopagem nas interfaces metal-HOPG podem ser explicados pela transferência de carga entre o metal e a grafite dopada com n devido à diferença nas funções de trabalho [16, 25]. Consequentemente, o dipolo formado devido à redistribuição de cargas resulta numa deslocação do nível de energia de Fermi (ΔE_F) em relação ao ponto de Dirac. Um deslocamento para baixo (para cima) do nível de Fermi- para o grupo A (B) indica que os buracos (electrões) são doados pelo metal à grafite, que se torna dopada com p (altamente dopada com n) na região de depleção. A distinta flexão de banda entre os grupos destaca a deriva de portadores perto das interfaces como um importante mecanismo de emissão THz entre vários processos de transporte transiente. Em contraste, a contribuição difusiva transitória para a radiação THz pode ser ignorada devido à mobilidade semelhante de electrões e buracos [61], apesar da fina profundidade de pele de "20 nm sob excitação de 800 nm (em comparação com o comprimento de difusão de "500 nm) [31]. As correntes de deriva resultantes de foto-portadores podem ser modificadas pela diferença de função de trabalho na interface $\varphi_M - \varphi_G \equiv \Delta\Phi$, possivelmente levando a uma fase distinta das ondas THz emitidas.

Os metais Pt, Au, Ag e Al ligam-se fracamente à grafite e resultam numa interface fisissortiva, enquanto o Ti se liga fortemente e resulta numa interface quimissortiva [26]. A Figura 2 apresenta imagens de microscopia eletrónica de varrimento (SEM) de ilhas de Au e Ag, enquanto a Pt, o Ti e o Al são melhor absorvidos na superfície e formam películas mais suaves. A morfologia dos metais depende fortemente da sua energia de adsorção em relação ao substrato. A adsorção de metais de transição na grafite foi objeto de um estudo aprofundado,

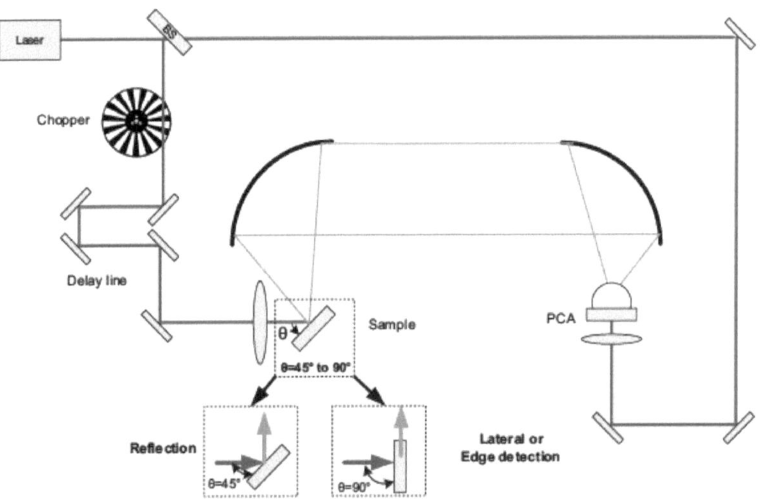

Figura 4.2: Configuração da espetroscopia THz no domínio do tempo para reflexão e deteção de bordos

e as energias de adsorção para Pt, Au, Ag, Ti e Al em relação à grafite são 1,86, 0,49, 0,28, 3,3 e 1,6 eV, respetivamente [1]. Destes metais, o Ti tem a maior energia de adsorção à grafite, resultando no desenvolvimento mais suave da película. Em contraste, a Ag tem a energia de adsorção mais baixa, induzindo caraterísticas de agregação e formação de nanopartículas. A área de cobertura para Pt/HOPG (80%), Au/HOPG (53%), Ag/HOPG (23%), Ti/HOPG (99%) e Al/HOPG (82%) foi estimada por limiarização cinzenta.

Os foto-portadores foram gerados abruptamente sob a excitação de um laser de Ti-safira centrado em 800 nm, com uma duração de pulso de 150 femtossegundos. A espetroscopia THz convencional no domínio do tempo (THz-TDS) foi utilizada a 300 K com duas geometrias de deteção diferentes para examinar se a fase das ondas THz poderia estar associada às eficiências de acoplamento da radiação. A fonte de laser infravermelho (IR) foi focada num ponto de 300 μm e o ângulo de incidência θ foi de 45° na geometria de reflexão,

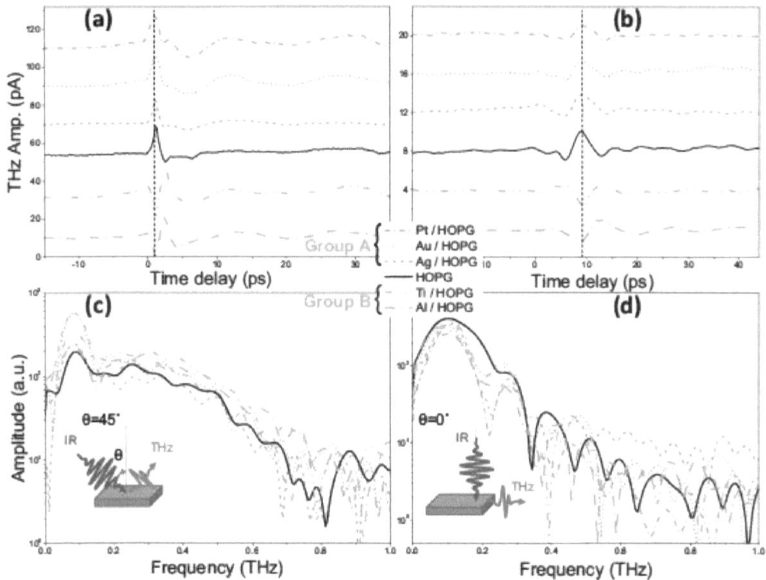

Figura 4.3: Sinais de ondas THz no domínio do tempo e correspondentes espectros de amplitude

a partir de estruturas metal-HOPG em (a, c) geometria de reflexão convencional e (b, d) geometria de deteção de bordos. As inserções mostram as geometrias experimentais da radiação de ondas THz (seta verde) sob excitação IR (seta vermelha).

enquanto que θ era 0° (incidência normal) na geometria de deteção de bordos. A fluência da bomba incidente nas interfaces metal-grafite foi mantida abaixo de 0,2 μJ/cm² para evitar tanto o rastreio do campo de depleção pelos foto-portadores como os efeitos não lineares, incluindo a retificação ótica [69]. Após o bombeamento do pulso de femtossegundo, os pacotes de ondas THz gerados a partir das amostras foram guiados usando um par de espelhos parabólicos fora do eixo e focados na antena foto-condutora cuja sensibilidade foi otimizada em 1 THz.

4.3 Emissão THz a partir da interface metal-grafite

4.3.1 Geometria de reflexão

As caraterísticas de transporte dependentes da função trabalho foram demonstradas experimentalmente traçando as formas das linhas das ondas THz mostradas na Fig. 2. Tanto na geometria de reflexão [Figs. 2(a,c)] como na geometria de deteção de bordas [Figs. 2(b,d)], os campos THz emitidos pelo grupo A exibiram a mesma polaridade que os do HOPG; no entanto, os impulsos THz emitidos pelo grupo B revelaram uma inversão de polaridade. Espera-se que a geração abrupta de foto-portadores gere pares polarizados de eletrão-buraco durante a excitação ótica na região de depleção, seguida pelo transporte translacional de portadores, governado pela deriva perto das interfaces nas nossas estruturas em atrasos de tempo iniciais. A polaridade oposta das ondas THz no domínio do tempo, portanto, sugere que a direção de aceleração dos dipolos Hertzianos polarizados [96] é invertida entre diferentes grupos perto da região de depleção. Também notamos que se espera que a flexão da banda na interface para o grupo A se situe ao longo da mesma direção que a da interface ar/n-HOPG, como revelado anteriormente com base no efeito de fixação do nível de Fermi na região de depleção da superfície [31]. Em contrapartida, a aceleração do dipolo hertziano ao longo da direção inversa no grupo B foi conseguida perto da interface devido aos gradientes de potencial com inclinação oposta, como ilustrado nas Figs. 1(a, b).

4.3.2 Geometria de deteção de bordos

Para clarificar melhor a contribuição do transporte de portadores ao longo do eixo c para as alterações de fase, a Fig. 2(b) apresenta os padrões de radiação THz no domínio do tempo na

Tabela 4.1: Largura de depleção (Ж), mobilidade (μ), concentração de portadores *(N)*, densidade de foto-portadores (Δη) e altura de barreira (Δ0) para estruturas metal-grafite.

	Amostras	Largura de esgotamento *W* (nm)	Mobilidade *μ* (cm^2/V.s)	Concentração do transportador V(10^{19} cm^{-3})	Densidade da portadora de foto Δη (10^{14} cm^{-3})	Altura da barreira *Δφ* (eV)"
	Pt/HOPG	27.2	820	1.62	1.879	0.7
1 co 1	Grupo A Au/HOPG	14.88	920	2.29	1.891	0.2

Ag/HOPG	6.23	982	1.34	2.085	0.04
HOPG	9	1005	1	3.133	0.1
Ti/HOPG	20.02	1090	1.5	2.156	-0.27
Grupo B					
Al/HOPG	19.8	774	1.8	1.64	-0.35

A altura da barreira é estimada a partir da função de trabalho metálico num trabalho anterior [82].

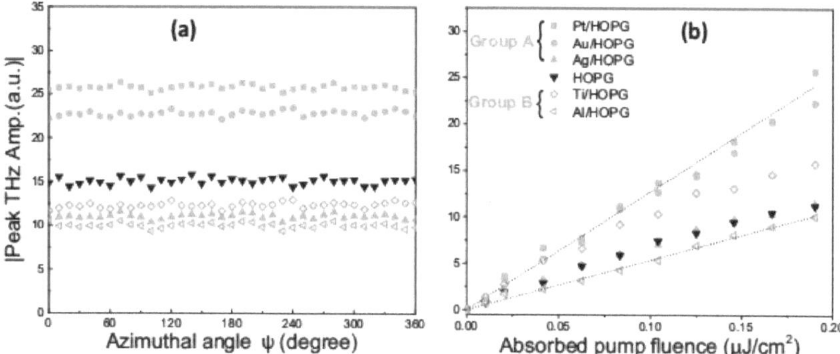

Figura 4.4: (a) Dependência angular azimutal da amplitude do campo THz. (b) Amplitude THz (linhas dispersas) medida em função da fluência de excitação, comparada com as linhas lineares a tracejado.

geometria de deteção de bordos. Numa tal geometria, a emissão de THz proveniente do transporte de portadores ao longo do plano basal e os efeitos não lineares podem ser evitados. Consequentemente, os impulsos THz emitidos por dipolos transitórios ao longo do eixo c, presumivelmente influenciados pela morfologia não homogénea da superfície dos metais, devem formar padrões de radiação direcionais distintos, tal como investigado com precisão em semicondutores de baixo intervalo de banda [93, 37]. De facto, a fase das ondas THz do grupo A era oposta à do grupo B na Fig. 2(b), o que confirma o efeito que o $\Delta\varphi$ tem na fase das formas das linhas THz, independentemente dos esquemas de deteção. No entanto, a intensidade THz nesta geometria foi relativamente baixa e temporalmente alargada, dependendo da sua posição a partir da borda, como discutido noutro local [63, 32]. Considerando o tamanho do ponto de laser (~ 300 μm) e a posição de excitação relativamente grande longe da borda (~ 1 mm) em comparação com o comprimento de onda THz, as ondas THz polarizadas em TM emitidas de diferentes fontes através do ponto de iluminação foram integradas com a distância de propagação sendo variada. Estas ondas THz que se propagam lateralmente foram sujeitas a uma forte atenuação e a um alargamento temporal devido à dispersão, que pode ser avaliada com base no índice de refração, no coeficiente de absorção e na velocidade de fase [72]. Isto implica que a deteção de bordos é mais fortemente influenciada pelo efeito de propagação através da grafite, o que também se manifestou pelo espetro mais estreito mostrado na Fig. 2(d) e previamente relatado em fios metálicos, semicondutores e várias outras estruturas de guias de ondas [22, 32, 51].

4.3.3 Processos ópticos não lineares

Para além da fotocorrente transitória, o efeito dos processos ópticos não lineares pode ser examinado experimentalmente. A este respeito, a retificação ótica é considerada como outro mecanismo possível para a geração de impulsos THz de banda larga em materiais com suscetibilidade de segunda ordem significativa $\chi^{(2)}$ apesar de a estrutura da grafite ter um centro de inversão simetria que proíbe o processo $\chi^{(2)}$ do volume [21]. Se a simetria de inversão é quebrada pelos campos de depleção, intercalação ou falhas de empilhamento pode ser determinada com base nas variações induzidas pela não linearidade das amplitudes THz com o ângulo azimutal Ψ na geometria reflexiva, conforme ilustrado na Fig. 4.3 (a). Convencionalmente, o processo $\chi^{(2)}$ leva a uma periodicidade bem definida em medições axiais, como a simetria quádrupla em (100) InAs e a simetria sêxtupla em (111) InAs [69]. No entanto, as variações de amplitude THz na Fig. 4.3 (a) exibem uma dependência Ψ insignificante. Isto deve-se ao facto de a corrente transiente foto-gerada ser rotacionalmente simétrica ao longo da normal à superfície (eixo c) e a simetria de translação no lado da grafite permanecer preservada. A Figura 4.3(b) mostra a influência da fluência de excitação na emissão de THz. Para todas as amostras, a amplitude de THz detectada aumentou linearmente com a fluência da bomba. Não há indícios de saturação, o que sugere que o rastreio de foto-portadoras é demasiado pequeno para compensar os campos de depleção. Notamos que a nossa fluência P-j/.J.-ciir) não atingiu o regime não linear quádruplo de segunda ordem registado na grafite (~ m./cm²) [45].

4.4 Correlação entre o campo THz e os parâmetros da junção

Para explicar as nossas observações experimentais, a amplitude do campo THz devido ao movimento difusivo e de deriva no campo de depleção é simplificada através do ajuste dos parâmetros relevantes do material [2]:

$$E_{drift} = \frac{S\mu e^2 \Delta n N(e^{-\alpha W} + \alpha W - 1)}{4\pi\epsilon_0^2\epsilon_r\alpha^2 c^2 \tau r}, \tag{4.1}$$

$$E_{diffusion} = \frac{Sk_BT\mu}{4\pi\epsilon_0 c^2\tau r(1+b)}\left\{\frac{bN}{1+b} \times \ln[1 + \frac{\Delta n(1+b)}{bN}] - \Delta n\right\}, \tag{4.2}$$

$$E_{far} = E_{drift} \pm E_{diffusion}, \tag{4.3}$$

em que *eo(e,)* é a permissividade no espaço livre (grafite^ 6.6) [49], *a* é o coeficiente de absorção (~ 5 x 105 cm-1), e é a carga elementar do eletrão, Δη é a densidade de portadores à superfície, μ é a mobilidade dos electrões ou dos buracos, τ é a duração do impulso, r é a distância entre a fonte de emissão e o detetor, N é a concentração de portadores, W é a largura de depleção, b é a razão entre as mobilidades dos electrões e dos buracos, kB é a constante de Boltzmann e Te é a temperatura do portador obtida a partir de

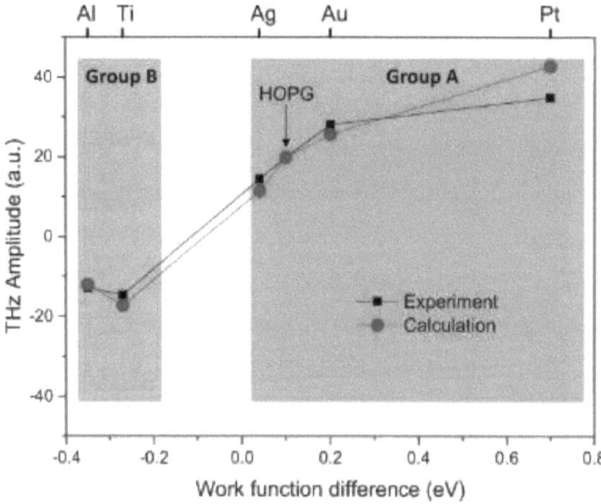

Figura 4.5: Amplitude THz em geometria reflectora (quadrados) e radiação calculada

Valores do campo THz (círculos) plotados em função de Δφ.

energia residual dos fotões. A concentração e a mobilidade dos portadores foram medidas utilizando medições Hall na configuração de Van der Pauw. A largura de depleção correspondente, a concentração de portadores e a densidade de foto-portadores para todas as amostras estão listadas na Tabela 4.1.

A largura de depleção (W) na interface metal-grafite é expressa da seguinte forma [24]: W = ^/§7 X *ln[e^* ф], onde N é a densidade de portadores no nível de Fermi e T é a temperatura computada a partir da flexão de banda, como ilustrado na Fig. 1. O campo distante THz devido à difusão de portadores ($E_{diffusion}$) é insignificantemente pequeno em comparação com a contribuição de deriva de portadores (E_{drift}) com base nos parâmetros da Tabela 4.1. Por conseguinte, os portadores fotogerados são acelerados na camada de depleção na interface e emitem concomitantemente impulsos THz em que a polaridade do campo elétrico é coerentemente dirigida em função da direção da flexão da banda.

Para obter mais informações sobre os fatores-chave associados à amplitude do campo THz, comparamos as amplitudes THz (linha dispersa preta) com os valores calculados (E_{far}; linha dispersa vermelha) com base na Eq. (3) para cada amostra, conforme mostrado na Fig. 3. Em geral, notamos que a amplitude THz tende a aumentar com $\Delta\varphi$, enquanto uma ligeira redução do cálculo foi observada em Pt. As origens desse declínio da amplitude THz em $\Delta\varphi$ relativamente grande podem estar associadas à carga espacial opticamente induzida, compensando assim o campo embutido e saturando os transportes eletrônicos [12]. A amplitude decrescente em Al originou-se da mobilidade relativamente menor e da densidade de foto-portadores, como confirmado pelo valor calculado suprimido na Tabela 4.1.

Os valores calculados para o campo THz são consistentes com os dados experimentais, considerando o transporte ambipolar de portadores na interface onde o comportamento dos processos de radiação THz são determinados pelos parâmetros dos portadores minoritários [55]. As magnitudes das radiações THz devidas à deriva de portadores [Eq. 1] dependem linearmente da mobilidade dos portadores na região de depleção, que é calculada a partir da mobilidade dos portadores minoritários relevantes. Uma vez que se sabe que a massa efectiva dos buracos na grafite é quase duas vezes mais pesada do que a dos electrões, a mobilidade dos electrões é aproximadamente duas vezes superior à dos buracos [78, 44]. Esta constatação explica claramente a diminuição da amplitude THz no grupo B, onde o comportamento dos portadores em excesso é determinado pelos parâmetros dos buracos dos portadores minoritários. Além disso, a origem das discrepâncias entre os valores experimentais e calculados pode possivelmente ser atribuída aos defeitos interfaciais [21], composições químicas adicionais e variação das eficiências de extração [75] entre amostras de metal/HOPG com diferentes índices de refração efectivos, que podem ser discutidos noutro local. Desta forma, $\Delta\varphi$ não foi suficiente para determinar apenas a magnitude THz, embora o sinal de $\Delta\varphi$ estivesse diretamente associado à fase dos campos THz e a estimativa simplificada fosse qualitativamente consistente com os nossos resultados experimentais.

Além disso, as caraterísticas visíveis das ondas THz nas nossas estruturas podem ser discutidas em termos de plasmões induzidos pela superfície metálica rugosa sob a excitação do laser de femtosegundo e da radiação THz concomitante de matrizes de nanopartículas plasmónicas e de películas metálicas finas [64, 66]. A morfologia aleatória das ilhas aglomeradas (Au, Ag) e as estruturas de tipo fractal das películas (Pt, Al) na Fig. 1 sugerem a influência de plasmões de superfície localizados e resultam possivelmente numa amplitude THz melhorada [68]. A excitação destes plasmões de superfície pode também contribuir para o aumento da radiação THz através da retificação ótica não ressonante de segunda ordem induzida pelo campo de depleção [67]. Além disso, a emissão fotoeléctrica interna de portadores de carga do metal para a grafite pode resultar em correntes transitórias adicionais [76]. Por vezes, a luz da bomba pode ser confinada a uma camada muito fina na interface metal-grafite por ressonância da cavidade de Fabry-Perot, conduzindo a um aumento da absorção ótica na região de depleção [67].

4.5 Conclusão

Em resumo, caracterizámos experimentalmente as ondas electromagnéticas THz emitidas por junções metal-grafite. Interpretámos a fase oposta entre diferentes grupos de amostras como uma demonstração da engenharia da função de trabalho na manipulação da fase e da amplitude da radiação THz. Também demonstrámos que o ângulo azimutal

não afectam a fase THz ou a amplitude, sendo as simetrias preservadas no plano c nas nossas condições ambientais. Esta manipulação dos impulsos THz poderá ter aplicação prática em dispositivos funcionais THz, tais como moduladores para sistemas de comunicação e elementos activos para fontes THz.

Capítulo 5

Emissão de THz a partir de grafeno nitrogenado holey

5.1 Introdução

Nos últimos anos, os materiais bidimensionais (2D) têm sido considerados materiais emergentes para aplicações na futura nanoelectrónica e optoelectrónica, devido às suas fascinantes propriedades ópticas ou estruturais [91]. Como exemplo típico, o grafeno, constituído por uma rede hexagonal de átomos de carbono, tornou-se um dos candidatos promissores para o futuro dos dispositivos optoelectrónicos [58]. Embora o grafeno possua uma mobilidade extremamente elevada devido ao comportamento Dirac-fermion sem massa, a ausência de um intervalo de banda fundamental limita severamente as suas aplicações em transístores de efeito de campo (FETs) [59]. Por conseguinte, têm sido envidados grandes esforços para resolver o problema da abertura de um intervalo em diferentes nanoestruturas de grafeno [46]. Assim, continua a ser necessário procurar grafeno funcionalizado 2D planar com um intervalo de banda e uma estrutura adequados, possivelmente úteis para controlar as propriedades de transporte para aplicações nanoelectrónicas.

Foram publicados alguns relatórios sobre novos tipos de estruturas de grafeno que apresentam orifícios (aberturas de poros) na superfície do carbono conjugado [7, 88]. As aberturas de poros nestas novas estruturas de grafeno holey (hG) são muito maiores, variando de alguns a centenas de nanómetros. As estruturas hG obtidas por métodos litográficos têm geralmente uma geometria esférica de orifícios com tamanhos controlados. Recentemente, uma rede 2D em camadas com

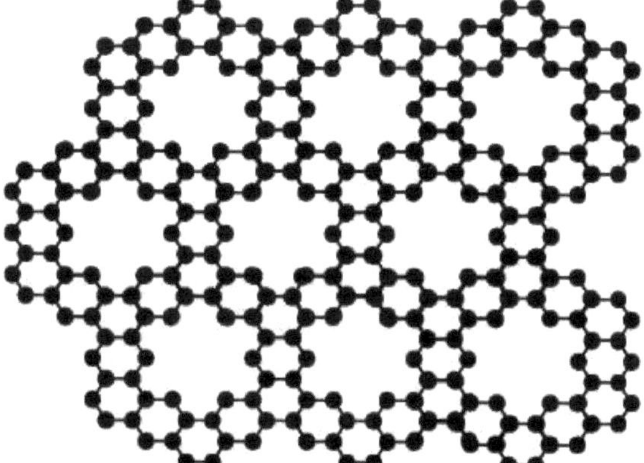

Figura 5.1: Grafeno azotado, designado por cristal C2N-h2D.

com buracos uniformemente distribuídos e átomos de azoto, designado C2N-h2D, foi simplesmente sintetizado através de uma reação química húmida. Além disso, foi fabricado um FET baseado em multicamadas de C_2N-h2D com um elevado rácio ligado/desligado de 10^7 e o C2N-h2D possui um intervalo de banda ótica de 1,96 eV [41]. As multicamadas C2N-h2D são um material candidato muito promissor para futuras aplicações optoelectrónicas ao nível da nanoescala, especialmente no que diz respeito ao intervalo de banda e à estrutura em anel holey, explorando as suas possíveis modulações por factores interiores (ordem de empilhamento e número de camadas) e exteriores (campo elétrico externo) para aplicações THz.

5.2 Esquemas de amostragem e experimentação

O cristal C_2N-h2D foi sintetizado pela reação entre o trihidrocloreto de hexaaminobenzeno (HAB) e o octa-hidrato de hexicetociclohexano (HKH) em N-metil-2-pirrolidona (NMP) na presença de algumas gotas de ácido sulfúrico (H_2SO_4) ou em ácido trifluorometano-sulfónico. O sólido resultante, semelhante à grafite, cujo aspeto negro-escuro era um forte indício da formação de um cristal 2D em camadas conjugadas, foi exsudado em Soxhlet.

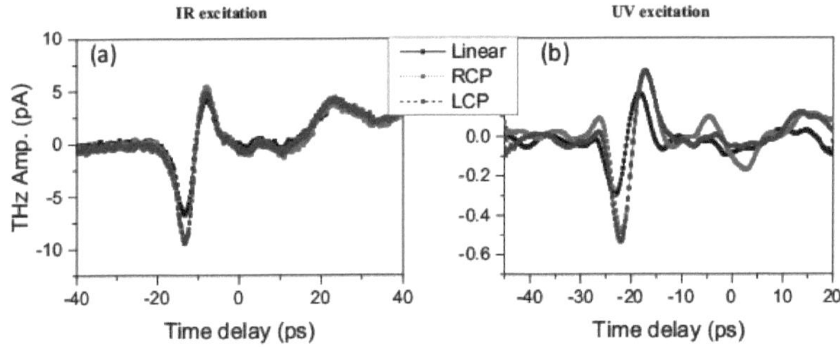

Figura 5.2: Amplitude THz em geometria reflectora (a) para IR (800 nm) e (b) UV

excitação (400 nm). Linear, RCP e LCP significam polarização circular linear, direita e esquerda, respetivamente.

O produto foi tratado com água e depois com metanol, respetivamente, para remover completamente quaisquer impurezas de pequena massa e foi finalmente liofilizado a -120° C sob pressão reduzida (0,05 mmHg). Utilizando uma força motriz tão forte para a aromatização, os polímeros microporosos p-conjugados fundidos em 3D também foram convenientemente realizados por reação solvotérmica no tubo de vidro selado e processo ionotérmico na presença de AlCl3 para armazenamento de energia. Quando a solução de amostra foi moldada num substrato de SiO2, recozida a 700° C sob uma atmosfera de árgon e recolhida por decapagem em ácido fluorídrico, a solução continha flocos brilhantes observáveis sob uma luz forte [41].

A espetroscopia THz convencional no domínio do tempo (THz-TDS) foi utilizada a 300 K. A fonte de laser infravermelho (IR) foi focada num ponto de 300 µm e o ângulo de incidência θ foi de 45° na geometria de reflexão. Após o bombeamento de impulsos de femtossegundos, os pacotes de ondas THz gerados pelas amostras foram guiados por um par de espelhos parabólicos fora do eixo e focados numa antena fotocondutora cuja sensibilidade era

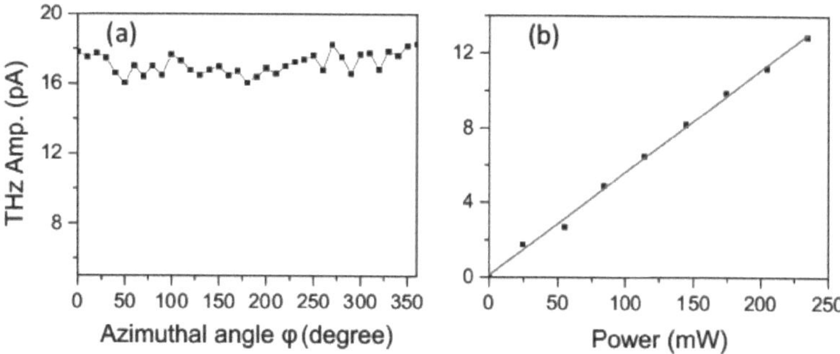

Figura 5.3: (a) Dependência angular azimutal da amplitude THz. (b) Amplitude THz

Ângulo azimutal φ (grau)

medem uma função da potência de excitação. A linha vermelha indica o ajuste linear.

optimizado a 1 THz.

5.3 Resultados e discussão

A estrutura de grafeno holey incorporada com azoto proporcionou a abertura do intervalo de banda juntamente com o movimento circular dos portadores ao longo das redes laterais de células unitárias. Nesta estrutura holey, a excitação do laser polarizado circularmente aumentou os transientes THz em comparação com os sinais com configuração polarizada linearmente, como se mostra na Fig. 5.1 sob irradiação UV (400 nm) e IR (800 nm). Isto pode estar associado ao movimento direcionado dos portadores em trajetória circular sob luz polarizada circularmente. O sinal no domínio do tempo é alargado em comparação com a grafite natural e o HOPG, devido à mobilidade muito baixa dos portadores devido aos orifícios existentes nas estruturas. A dependência do ângulo azimutal mostra uma variação insignificante, indicando a simetria da estrutura, como se mostra na Fig. 5.2 (a). Uma ligeira variação pode ser atribuída ao desalinhamento das camadas de grafeno holey ao longo do eixo c. A amplitude do sinal cresce linearmente com o aumento da potência da bomba, sem qualquer indicação de saturação (Fig. 5.2 (b)). Este comportamento implica que o número de portadores excitados é proporcional ao número de fotões incidentes.

5.4 Conclusão

Em resumo, caracterizámos experimentalmente as ondas electromagnéticas THz emitidas pelo grafeno nitrogenado holey. Interpretámos o aumento do campo THz entre a polarização linear e circular dos feixes de excitação como uma demonstração do movimento do portador em caminhos circulares preferenciais disponíveis na estrutura, em vez de ao longo da direção do móbil da luz. Também demonstrámos que a alteração do ângulo azimutal não afecta a fase THz ou a amplitude, o que implica a simetria da estrutura. Esta manipulação de impulsos THz pode ser importante para compreender o transporte de portadores e o fenómeno ótico em dispositivos THz funcionais.

Capítulo 6

Resumo

Em resumo, relatámos a geração e manipulação de impulsos THz em estruturas grafíticas, tais como grafite diferentemente dopada, junções metal-grafite e grafeno nitrogenado multicamada holey. A deriva de portadores perto da superfície da grafite é em grande parte responsável pela geração de THz entre vários processos de transporte que resultam em polaridade oposta de impulsos THz para amostras com dopagem diferente. Através da engenharia da função de trabalho em estruturas de metal-grafite, pudemos modificar a força e a direção do campo de depleção na interface metal-grafite, permitindo a manipulação de dipolos transitórios e, concomitantemente, a emissão de campos THz. Os novos materiais de grafeno funcionalizados com buracos (poros) podem ser úteis no controlo das propriedades de transporte para a optoeletrónica. A estrutura de grafeno holey incorporada com azoto proporcionou a abertura do bandgap juntamente com os caminhos circulares para o portador ao longo das redes laterais de células unitárias. Nesta estrutura holey, a excitação do laser polarizado circularmente aumentou os transientes THz em comparação com os sinais com configuração polarizada linearmente.

Referências

1. D. Appy, H. Lei, C. Z. Wang, M. C. Tringides, D. J. Li, W. E. James e A. T. Patricia. Metais de transição na superfície (0001) da grafite: Aspectos fundamentais da adsorção, difusão e morfologia. *Prog. Surf. Sci.*, 89:219-238, 2014.
2. R. Ascázubi, C. Shneider, I. Wilke, R. Pino e P. S. Dutta. Enhanced terahertz emission from impurity compensated GaSb. *Phys. Rev. B*, 72:045328, Jul 2005.
3. D. H. Auston. Picosecond optoelectronic switching and gating in silicon. *Appl. Phys. Lett.*, 26(3):101-103, 1975.
4. D. H. Auston, K. P. Cheung, e P. R. Smith. Picosecond photoconducting hertzian dipoles. *Appl. Phys. Lett.*, 45(3):284-286, 1984.
5. D. H. Auston, A. M. Johnson, P. R. Smith e J. C. Bean. Deteção optoelectrónica de picossegundos, amostragem e medições de correlação em semicondutores amorfos. *Appl. Phys. Lett.*, 37(4):371-373, 1980.
6. Y.-M. Bahk, G. Ramakrishnan, J. Choi, H. Song, G. Choi, Y. H. Kim, K. J. Ahn, D.-S. Kim, e P. C. M. Planken. Plasmon enhanced terahertz emission from single layer graphene" [Emissão de terahertz reforçada por plasmon a partir de grafeno de camada única]. *ACS nano*, 8:9089, 2014.
7. J. Bai, X. Zhong, S. Jiang, Y. Huang e X. Duan. Graphene nanomesh. *Nat. Nanotechnol.*, 5:190-194, 2010. PMID: 23286380.
8. Y. Bai, L. Song, R. Xu, C. Li, P. Liu, Z. Zeng, Z. Zhang, H. Lu, R. Li e Z. Xu. Imaging with terahertz radiation. *Phys. Rev. Lett.*, 108:255004, 2012.
9. S. D. Benjamin, H. S. Loka, e P. W. E. Smith. Adaptação de gaas cultivados em mbe a baixa temperatura para dispositivos fotónicos ultra-rápidos. *Can. J. Phys.*, 74(S1):64-68, 1996.
10. M. Breusing, C. Ropers, e T. Elsaesser. Ultrafast carrier dynamics in graphite. *Phys. Rev. Lett.*, 102(8):086809, Feb 2009.
11. G. Brumfiel. Graphene gets ready for the big time. *Nature,* 458(7237):390-391, maio de 2009.
12. G. Carpintero, E. Garcia-Munoz, H. Hartnagel, S. Preu e A. Raisanen. *Semiconductor TeraHertz Technology: Devices and Systems at Room Temperature Operation,* páginas 3-61. Wiley, 2015.
13. G. L. Carr, M. I. C. Martin, W. R. McKinney, K. Jordan, G. R. Neil e G. P. Williams. High-power terahertz radiation from relativistic electrons. *Nature*, 420(6912):153-156, novembro de 2002.
14. W. L. Chan, J. Deibel, e D. M. Mittleman. Imagiologia com radiação terahertz. *Rep.*

Prog. Phys., 70:1325, 2007.

15. M. Cooke. Filling the thz gap with new applications. *Semiconductor Today*, 2(1):39-43, 2007.

16. A. Dahal, R. Addou, H. Coy-Diaz, J. Lallo e M. Batzill. Dopagem de carga de grafeno em estruturas sanduíche de metal / grafeno / dielétrico avaliada por espetroscopia de fotoemissão de nível central c-1s. *APL Mat.*, 1:042107, 2013.

17. T. Dekorsy, H. Auer, C. Waschke, H. J. Bakker, H. G. Roskos, H. Kurz, V. Wagner e P. Grosse. Emissão de ondas electromagnéticas submilimétricas por fonões coerentes. *Phys. Rev. Lett.*, 74:738-741, Jan 1995.

18. S.L. Dexheimer. *Terahertz Spectroscopy: Principles and Applications*. Optical Science and Engineering. CRC Press, 2007.

19. F. E. Doany, D. Grischkowsky, e C.-C. Chi. Carrier lifetime versus ionimplantation dose in silicon on sapphire. *Appl. Phys. Lett.*, 50(8):460-462, 1987.

20. M. S. Dresselhaus e G. Dresselhaus. Compostos de intercalação de grafite. *Adv. Phys.*, 51(1):1-186, 2002.

21. P. C. Eklund. *Intercalação em materiais em camadas*, páginas 328-336. Springer US, 2013.

22. M. Y. Frankel, S. Gupta, J. Valdmanis, e G. A. M Mourou. Atenuação de terahertz e caraterísticas de dispersão de linhas de transmissão coplanares. *IEEE Trans. Microw. Theory Tech.*, 39:910, 1991.

23. P.S. Gaal. *Thermal conductivity 24:and thermal expansion, 12th 24th*. Pennsylvania:CRC Press, 1999.

24. H. Gerischer. Uma interpretação da capacidade de dupla camada dos eléctrodos de grafite em relação à densidade de estados ao nível de fermi. *J. Phys. Chem.*, 89:4249-4251, 1985.

25. G. Giovannetti, P. A. Khomyakov, G. Brocks, V. M. Karpan, J. van den Brink e P. J. Kelly. Doping graphene with metal contacts. Phys. Rev. Lett., 101:026803, 2008.

26. C. Gong, G. Lee, B. Shan, E. M. Vogel, R. M. Wallace e K. Cho. Estudo de primeiros princípios de interfaces metal-grafeno. J. Appl. Phys, 108:123711, 2010.

27. P. Gu, M. Tani, S. Kono, K. Sakai, e X.-C. Zhang. Estudo da radiação terahertz de InAs e InSb. *J. Appl. Phys.*, 91:5533-5537, maio de 2002.

28. H. Haug e S. Koch. *Quantum Theory of the Optical and Electronic Properties of Semiconductors*, capítulo 13, página 262. World Scientific Publishing: Springer, 4ª edição, 2004.

29. B. B. Hu, A. S. Weling, D. H. Auston, A. V. Kuznetsov e C. J. Stanton. dc- electric-field dependence of thz radiation induced by femtosecond optical excitation of bulk GaAs. *Phys.*

Rev. B, 49:2234-2237, 1994.

30. M. Z. Huang e W.Y. Ching. Cálculo de excitações ópticas em semicondutores cúbicos. I. estrutura eletrónica e resposta linear. *Phys. Rev. B*, 47:9449-9463, ? 1993.

31. M. Irfan, J. H. Yim, C. Kim, S. Wook Lee e Y. D. Jho. Mudança de fase em ondas terahertz emitidas por grafite com dopagem diferente: O papel da deriva de portadores. *Appl. Phys. Lett.*, 103:201108, 2013.

32. M. Irfan, J. H. Yim, D. Kim, J. H. Jang, J. D. Song e Y. D. Jho. Propagation effects of thz waves in InAs-based heterostructures (Efeitos de propagação de ondas thz em heteroestruturas baseadas em InAs). J. Nanosci. Nanotechnol., 14:5228-5231, 2014.

33. P. Uhd Jepsen, R. H. Jacobsen, e S. R. Keiding. Generation and detection of terahertz pulses from biased semiconductor antennas. J. Opt. Soc. Am. B, 13(11):2424-2436, Nov 1996.

34. M. B. Johnston, D. M. Whittaker, A. Corchia, A. G. Davies e E. H. Linfield. Simulation of terahertz generation at semiconductor surfaces. Phys. Rev. B, 65:165301, Mar 2002.

35. T. Kampfrath, L. Perfetti, F. Schapper, C. Frischkorn e M. Wolf. Fónons ópticos fortemente acoplados na dinâmica ultra-rápida da energia eletrónica e relaxamento de corrente em grafite. Phys. Rev. Lett., 95:187403, outubro de 2005.

36. K. Kitano, N. Ishii, e J. Itatani. Imagiologia com radiação terahertz. Phys. Rev. A, 84:053408, 2011.

37. G. Klatt, F. Hilser, W. Qiao, M. Beck, R. Gebs, A. Bartels, K. Huska, U. Lemmer, G. Bastian, M. B. Johnston, M. Fischer, J. Faist e T. Dekorsy. Terahertz emission from lateral photo-dember currents. Opt. Express, 18:4939-4947, 2010.

38. R. Kohler, A. Tredicucci, F. Beltram, H. E. Beere, E. H. Linfield, A. G. Davies, Da. A. Ritchie, R. C. Iotti, e F. Rossi. Terahertz semiconductor-heterostructure laser. Nature, 417(6885):153-156, maio de 2002.

39. C. S. Leem, B. J. Kim, Chul Kim, S. R. Park, T. Ohta, A. Bostwick, E. Rotenberg, H. D. Kim, M. K. Kim, H. J. Choi e C. Kim. Effect of linear density of states on the quasiparticle dynamics and small electron-phonon coupling in graphite. Phys. Rev. Lett., 100:016802, Jan 2008.

40. K. Liu, J. Xu, T. Yuan e X.-C. Zhang. Terahertz radiation from InAs induced by carrier diffusion and drift. *Phys. Rev. B,* 73(15):155330-155335, 2006.

41. J. Mahmood, E. K. Lee, M. Jung, D. Shin, I. Jeon, S. Jung, H. Choi, J. Seo, S. Bae, S. Sohn, N. Park, J. Oh, H. Shin e J. Baek. Nitrogenated holey two-dimensional structures. *Nat. Comm.*, 6:6486, 2015. PMID: 23286380.

42. J. Maysonnave, S. Huppert, F. Wang, S. Maero, C. Berger, W. de Heer, L. A. D.

Vaulchier T. B. Norris, S. Dhillon, J. Tignon e J. Mangeney R. Ferreira. Geração de Terahertz por efeito dinâmico de arrastamento de fotões em grafeno excitado por impulsos ópticos de femtossegundos. *Nano Lett.*, 14:5797, 2014.

43. J. W. McClure. Estrutura de banda de energia da grafite. *IBM J. Res. Dev.,* 8(3):255- 261, julho de 1964.

44. X. Miao, S. Tongay, e A. F. Hebard. Extinção do ferromagnetismo em grafite pirolítica altamente ordenada por recozimento. *Carbon,* 50(4):1614 - 1618, 2012.

45. G. M. Mikheev, R. G. Zonov, A. N. Obraztsov, e Yu. P. Svirko. Efeito de retificação ótica gigante em filmes de nanocarbono. *Appl. Phys. Lett.*, 84:4854-4856, 2004.

46. P. Miro, M. Audiffred, e T. Heine. An atlas of two-dimensional materials. *Chem. Soc. Rev.*, 43:6537-6554, 2014.

47. A. D. Modestov, J. Gun, e O. Lev. Graphite photoelectrochemistry 2. estudos fotoelectroquímicos de grafite pirolítica altamente orientada. J. Electroanal. Chem., 476(2):118 - 131, 1999.

48. G. Moos, C. Gahl, R. Fasel, e T. Wolf, M.e Hertel. Anisotropia dos tempos de vida das quasipartículas e o papel da desordem na grafite a partir da espetroscopia de fotoemissão ultra-rápida resolvida no tempo. Phys. Rev. Lett., 87:267402, Dez 2001.

49. D. H. Morgan e K. Nandy. On extinction by small graphite, silicate and iron particles (Sobre a extinção por pequenas partículas de grafite, silicato e ferro). *Astrophysics and Space Science,* 29:285-290, ago 1974.

50. G. Mourou, C. V. Stancampiano, A. Antonetti e A. Orszag. Pulsos de micro-ondas de picossegundos gerados com um interrutor de semicondutor acionado por laser de subpicossegundos. *Appl. Phys. Lett.*, 39(4):295-296, 1981.

51. M. Nagel, A. Marchewka e H. Kurz. Guias de onda terahertz com descontinuidade de baixo índice. *Opt. Express*, 14:9944, 2006.

52. M. Nagel, A. Michalski, T. Botzem e H. Kurz. Investigação de campo próximo da emissão de ondas de superfície THz de flocos de grafite opticamente excitados. *Opt. Express*, 19:4667-4672, Fev. 2011.

53. A. Nahata, A. S. Weling e T. F. Heinz. Um sistema de espetroscopia terahertz coerente de banda larga utilizando retificação ótica e amostragem electro-ótica. *Appl. Phys. Lett.*, 69(16), 1996.

54. R. R. Nair, P. Blake, A. N. Grigorenko, K. S. Novoselov, T. J. Booth, T. Stauber, N. M. R. Peres, e A. K. Geim. A constante de estrutura fina define a transparência visual do grafeno. Science, 320(5881):1308, 2008.

55. D. A. Neamen. *Semiconductor physics and devices,* páginas 197-203. McGraw-Hill,

2003.

56. R. W. Newson, J. M. Menard, C. Sames, M. Betz e H. M. van Driel. Coherently controlled ballistic charge currents injected in single-walled carbon nanotubes and graphite. *Nano Lett.*, 8(6):1586-1589, 2008.

57. J. Nishitani, T. Nagashima e M. Hangyo. Controlo coerente da radiação terahertz de magnons antiferromagnéticos em Nio excitados por pulsos de laser ótico. *Phys. Rev. B*, 85:174439, 2012.

58. K. S. Novoselov, A. K. Geim, S. V. Morozov, D. Jiang, Y. Zhang, S. V. Dubonos, I. V. Grigorieva e A. A. Firsov. Efeito de campo elétrico em películas de carbono atomicamente finas. *Science*, 306(5696):666-669, 2004.

59. K.S. Novoselov, A.K. Geim, S.V. Morozov, D. Jiang, M.I. Katsnelson, I.V. Grigorieva, S.V. Dubonos, e A.A. Firsov. Gás bidimensional de férmions dirac sem massa em grafeno. *Nature*, 438(10):197-200, 2005.

60. P. A. Obraztsov, N. Kanda, K. Konishi, M. Kuwata-Gonokami, S. V. Garnov, A. N.Obraztsov e Y. P. Svirko. Photon-drag-induced terahertz emission from graphene. *Phys. Rev. B*, 90:241416, 2014.

61. L.A. Pendrys, C. Zeller, e F.L. Vogel. Propriedades de transporte elétrico da grafite natural e sintética. *J. Mater. Sci.,* 15:2103-2112, 1980.

62. M. A. Pimenta, G. Dresselhaus, M. S. Dresselhaus, L. G. Cancado, A. Jorio, e R. Saito. Estudo da desordem em sistemas baseados em grafite por espetroscopia Raman. *Phys. Chem. Chem. Phys.*, 9(11):1276-1290, 2007.

63. D. K. Polyushkin, E. Hendry e W. L. Barnes. Controlando a geração de radiação thz de filmes metálicos usando microestrutura periódica. *Appl. Phys. B*, 120:53, 2015.

64. D. K. Polyushkin, E. Hendry, E. K. Stone e W. L. Barnes. Geração de Thz a partir de matrizes de nanopartículas plasmónicas. *Nano Lett.*, 11:4718-4724, 2011.

65. G. Ramakrishnan, R. Chakkittakandy, e P. C. M. Planken. Geração de terahertz a partir de grafite. *Opt. Express*, 17:16092-16099, agosto de 2009.

66. G. Ramakrishnan e P. C. M. Planken. Geração de impulsos terahertz por retificação ótica em películas de ouro ultrafinas com reforço de percolação. *Opt. Lett.*, 36:2572, 2011.

67. G. Ramakrishnan, G. K. P. Ramanandan, A. J. L. Adam, M. Xu, N. Kumar, R. W. A. Hendrikx e P. C. M. Planken. Enhanced terahertz emission by coherent optical absorption in ultrathin semiconductor films on metals. *Opt. Express*, 21:16784-16798, 2013.

68. G. K. P. Ramanandan, G. Ramakrishnan, N. Kumar, A. J. L. Adam e P. C. M. Planken. Emissão de impulsos terahertz a partir de superfícies metálicas nanoestruturadas. J. Phys. D: Appl. Phys., 47:374003, 2014.

69. M. Reid, I. V. Cravetchi e R. Fedosejevs. Radiação terahertz e geração de segundo harmónico a partir de InAs: Contribuições induzidas por campos eléctricos de massa e de superfície. Phys. Rev. B, 72:035201, Jul 2005.

70. A. B. Ruffin, J. V. Rudd, J. F. Whitaker, S. Feng e H. G. Winful. Diret observation of the gouy phase shift with single-cycle terahertz pulses. Phys. Rev. *Lett.,* 83:3410-3413, 1999.

71. K. Sakai, editor. *Terahertz Optoelectronics,* páginas 63-97. Springer, Nova Iorque, 2005.

72. B. E. A. Saleh e M. C. Teich. *Fundamentals of Photonics*, páginas 157-191. Wiley, 1991.

73. M. Sato, T. Higuchi, N. Kanda, K. Konishi, K. Yoshioka, T. Suzuki, K. Misawa e M. Kuwata-Gonokami. Terahertz polarization pulse shaping with arbitrary field control. *Nat. Photon.*, 7:724-731, 2013.

74. K. Seibert, G. C. Cho, W. Kütt, H. Kurz, D. H. Reitze, J. I. Dadap, H. Ahn, M. C. Downer, e A. M. Malvezzi. Femtosecond carrier dynamics in graphite. *Phys. Rev. B*, 42(5):2842-2851, Aug 1990.

75. D. V. Seletskiy, M. P. Hasselbeck, J. G. Cederberg, A. Katzenmeyer, M. E. Toimil-Molares, F. Leonard, A. A. Talin e M. Sheik-Bahae. Efficient terahertz emission from inas nanowires. Phys. Rev. B, 84:115421, Set 2011.

76. Y. Shi, Y. Yang, X. Xu, S. Ma, W. Yan e L. Wang. Ultrafast carrier dynamics in Au/GaAs interfaces studied by terahertz emission spectroscopy. Appl. Phys. Lett., 88:161109, 2006.

77. P. R. Smith, D. H. Auston, A. M. Johnson e W. M. Augustyniak. Picosecond photoconductivity in radiation-damaged silicon-on-sapphire films (Fotocondutividade de picossegundos em filmes de silício sobre safira danificados por radiação). Appl. Phys. Lett., 38(1):47-50, 1981.

78. D. E. Soule. Analysis of galvanomagnetic de haas-van alphen type oscillations in graphite. *Phys. Rev.,* 112:708-714, 1958.

79. D. E. Spence, P. N. Kean e W. Sibbett. Geração de impulsos de 60 segundos a partir de um laser de ti:safira com auto-bloqueio de modo. *Opt. Lett.*, 16(1):42-44, Jan 1991.

80. K. Takahashi, T. Kanno, A. Sakai, H. Tamaki, H. Kusada e Y. Yamada. Terahertz radiation via ultrafast manipulation of thermoelectric conversion in thermoelectric thin films. *Adv. Opt. Mater.*, 2(5):428-434, 2014.

81. P. Tassin, T. Koschny e C. M. Soukoulis. Grafeno para aplicações em terahertz. *Science*, 341:620-621, agosto de 2013.

82. S. Trasatti. Função trabalho, eletronegatividade e comportamento eletroquímico dos metais. *J. Electroanal. Chem.*, 33:351, 1971.

83. M. Khaleeq ur Rahman, M. S. Rafique, K. Siraj, S. Shahid, M. S. Anwar e H. Faiz.

Comparação teórica e experimental de salpicos em diferentes materiais. *31st EPS Conference on Plasma Phys. London ECA (2004),* 28G:P-2.049, 2004.

84. J. A. Valdmanis, G. Mourou, e C. W. Gabel. Sistema de amostragem electro-ótica de picossegundos. *Appl. Phys. Lett.*, 41(3), 1982.

85. Nick C. J. van der Valk, Paul C. M. Planken, Anton N. Buijserd e Huib J. Bakker. Influência do comprimento de onda da bomba e do comprimento do cristal na correspondência de fase da retificação ótica. *J. Opt. Soc. Am. B,* 22(8):1714-1718, agosto de 2005.

86. M. van Exter, Ch. Fattinger, e D. Grischkowsky. Feixes de terahertz de alto brilho caracterizados com um detetor ultrarrápido. *Appl. Phys. Lett.,* 55(4):337-339, 1989.

87. M. van Exter, Ch. Fattinger, e D. Grischkowsky. Espectroscopia terahertz no domínio do tempo do vapor de água. *Opt. Lett.,* 14(20):1128-1130, Out 1989.

88. M. Wang, L. Fu, L. Gan, C. Zhang, Ma. Rümmeli, A. Bachmatiuk, K. Huang, Y. Fang, e Z. Li. Crescimento em CVD de nanomalhas de grafeno com bordas lisas de grande área por litografia de nanoesferas. *Sci. Rep.*, 3(5):1238, 2013. PMID: 23286380.

89. Q. Wu, T. D. Hewitt, e X.-C. Zhang. Imagens electro-ópticas bidimensionais de feixes de thz. *Appl. Phys. Lett.*, 69(8), 1996.

90. Q. Wu e X.-C. Zhang. Amostragem electro-ótica em espaço livre de feixes de terahertz. Appl. Phys. Lett., 67(24), 1995.

91. M. Xu, T. Liang, M. Shi e H. Chen. Graphene-like two-dimensional materials. *Chem. Rev.,* 113(5):3766-3798, 2013.

92. T. Ye, S. Meng, J. Zhang, Y. E, Y. Yang, Y. Yin e L. Wang. Mecanismo e modulação da geração de terahertz a partir de um semimetal-grafite. *Sci. Rep.*, 6:22798, 2015.

93. J. H. Yim, H. Jeong, M. Irfan, E. H. Lee, J. D. Song e Y. D. Jho. Diretional terahertz emission from corrugated inas structures. Opt. *Express,* 21: 19709-19717, agosto de 2013.

94. J. H. Yim, K. Min, H. Jeong, E. H. Lee, J. D. Song e Y. D. Jho. Nexus between directionality of terahertz waves and structural parameters in groove patterned inas. *J. Appl. Phys.*, 113:136505-136509, Mar 2013.

95. H. Zhan, J. Deibel, J. Laib, C. Sun, J. Kono, D. M. Mittleman e H. Munekata. Temperature dependence of terahertz emission from InMnAs. *Appl. Phys. Lett.*, 90:012103, 2007.

96. X.-C. Zhang, B. B. Hu, J. T. Darrow e D. H. Auston. Generation of femtosecond electromagnetic pulses from semiconductor surfaces (Geração de impulsos electromagnéticos de femtossegundos a partir de superfícies semicondutoras). *Appl. Phys. Lett.*, 56:1011-1013, 1990.

97. H. Zhu, C. Zhang, Y. Tang, J. Wang, B. Ren e Y. Yin. Preparação e condutividade térmica de suspensões de nanopartículas de grafite. *Carbon,* 45(1):226 - 228, 2007.

Agradecimentos

Antes de mais, quero agradecer ao meu orientador Young-Dahl Jho. Foi uma honra ser o seu primeiro aluno de doutoramento estrangeiro. Ensinou-me, tanto consciente como inconscientemente, como se faz boa física experimental. Agradeço todas as suas contribuições de tempo, ideias e financiamento para tornar a minha experiência de doutoramento produtiva e estimulante. A alegria e o entusiasmo que ele tem pela sua investigação foram contagiantes e motivadores para mim, mesmo durante os momentos difíceis do doutoramento. Estou também grato pelo excelente exemplo que me deu como físico e professor de sucesso. Para esta dissertação, gostaria de agradecer aos membros do meu comité: C. J. Stanton, Dr. Kang Chul, Prof. Jongseok Lee e Prof. Joong-Wook Lee pelo seu tempo e pelas suas perguntas perspicazes.

Por último, gostaria de agradecer à minha família por todo o seu amor e encorajamento. Não há palavras para expressar o quanto estou grato à minha sogra, ao meu sogro, à minha mãe e ao meu pai por todos os sacrifícios que fizeram em meu nome. A vossa oração por mim foi o que me sustentou até agora. E, acima de tudo, à minha querida, solidária, encorajadora e paciente mulher Sara, cujo apoio durante todas as fases do doutoramento é muito apreciado. Gostaria também de agradecer à minha querida filha Ayesha, a quem gostaria de expressar os meus agradecimentos por ser uma rapariga tão boa que me anima sempre.

Printed by Books on Demand GmbH, Norderstedt / Germany